U0740292

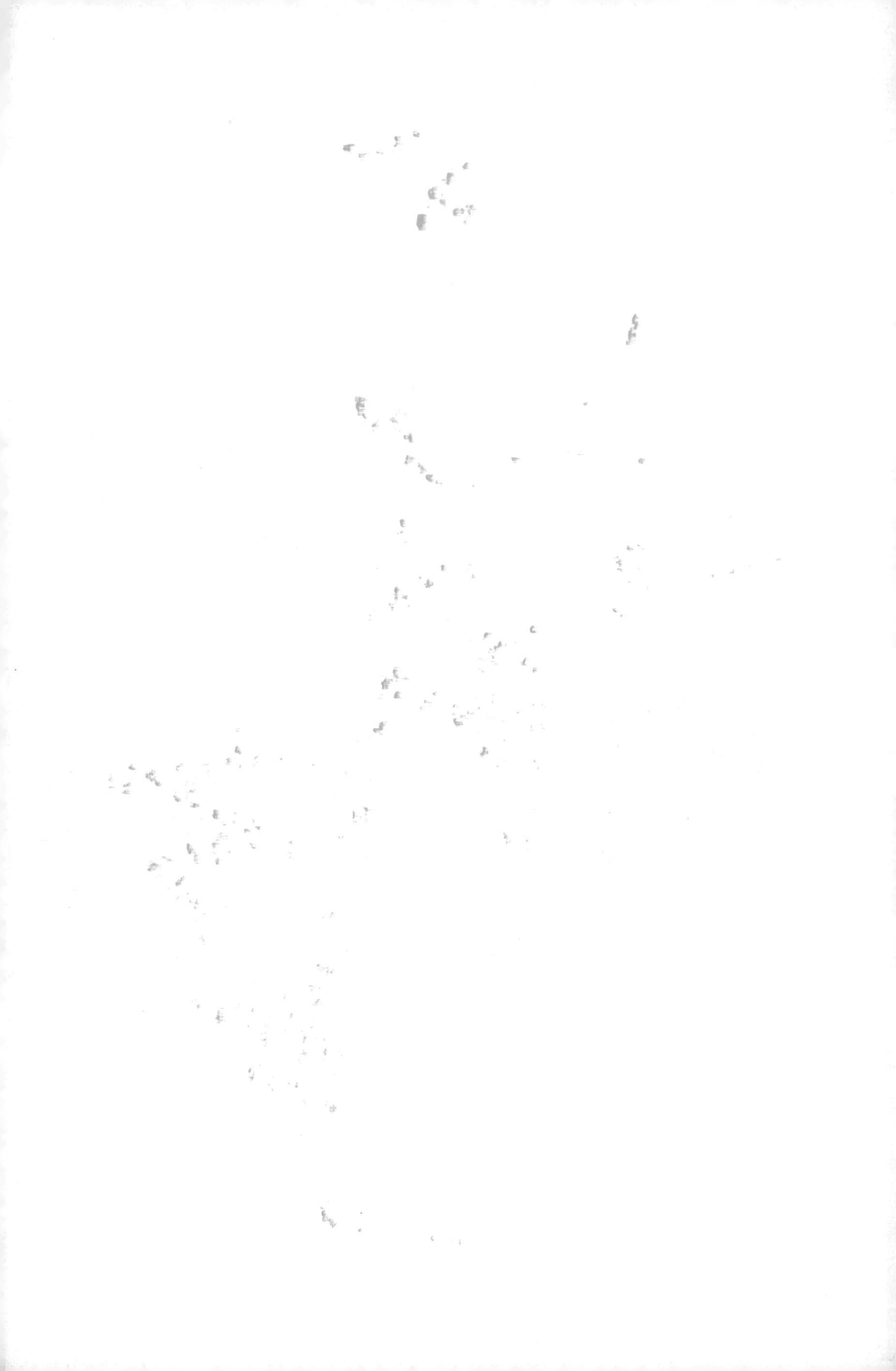

编织娃衣

零基础教程

Gou.d —— 著

化学工业出版社

·北京·

- 内容简介 -

本书包含关于编织娃衣的基础知识，包括材料和工具，基础针法和织片的介绍，以及9套共计19单件娃衣的详细图文教程。因娃娃的尺寸繁多，本书的所有款式都附有根据娃娃大小确定编织针数的方法，因此不管是什么尺寸的娃娃，都可以应用本书的款式。本书中所有基础针法和案例都配有全流程的教学视频。

图书在版编目（CIP）数据

编织娃衣零基础教程 / Gou.d 著. -- 北京 ： 化学工业出版社，2025. 6（2025.11 重印） -- ISBN 978-7-122-48237-2

Ⅰ. TS973.5

中国国家版本馆 CIP 数据核字第 2025F146Y0 号

责任编辑：刘晓婷　林　俐　　　　　　　　　装帧设计：对白设计
责任校对：赵懿桐

出版发行：化学工业出版社（北京市东城区青年湖南街 13 号　邮政编码 100011）
印　　装：天津裕同印刷有限公司
710mm×1000mm　1/16　印张 10½　字数 203 千字　2025 年 11 月北京第 1 版第 2 次印刷

购书咨询：010-64518888　　　　　　　　　售后服务：010-64518899
网　　址：http://www.cip.com.cn

凡购买本书，如有缺损质量问题，本社销售中心负责调换。

定　　价：178.00 元　　　　　　　　　　　　　版权所有　违者必究

前 言

　　年幼时，身上的每件毛衣都是出自外婆之手，一根毛线尽然能变成一件件衣服，觉着很神奇，就跟着外婆学过一点毛衣编织，长大后也就慢慢地抛到了脑后。直到有一次无意中在网上看到给娃娃穿的迷你毛衣，甚是喜欢，忽然激活了儿时种下的热爱编织的种子，于是也买了一个娃娃，织了人生第一件编织娃衣，并发布在了小红书上。发布在网络上，起初只是为了分享，或者说是为了给内心的兴奋找一个出口，但没想到有十几条评论想要教程。对于当时的我来说，这是十多份的鼓励，十多份的星星之火，于是就非常认真地做出了这件娃衣的教程。慢慢地，陆陆续续地完成了更多的作品，也收获了越来越多的鼓励和认可，甚至吸引很多新手玩家加入这项手工创作。初学者经常提出各种的问题，我需要一一解答，并要花更多的时间把教程做得尽可能详细。于是我辞去了工作，开始把编织当成自己的事业，一份能让人快乐的事业。

　　至今为止，这份事业带给我的最大满足，莫过于看着很多朋友从小白开始，最后亲手织出一件件精美的小娃衣，甚至有很多朋友接到订单，还有很多朋友开始自己制作教程，因为爱好有了额外的收入。

　　娃衣编织，相对来说属于小众爱好。总是有朋友问：真的会有人喜欢吗？我总会回答：希望有更多的人能够感受到编织的快乐。于是在收到出版社的写书邀请时，我便欣然地接受了，开始了本书的写作。

　　历时一年，终于完成了19个款式的编织娃衣，一并收录至书中。本书包含关于编织娃衣的基础知识，包括材料和工具，基础针法和织片的介绍，和9套共计19单件娃衣的详细图文教程。因娃娃的尺寸繁多，本书的所有款式都附有根据娃娃大小确定编织针数的方法，因此不管是什么尺寸的娃娃，都可以应用本书的款式。

　　衷心希望本书能够给各个阶段的娃衣爱好者带去帮助，也衷心希望，越来越多的朋友感受到编织的快乐！

Gou. d

2025年5月

目 录
Contents

第2章
娃衣套装编织教程

第 1 章

编织娃衣的
基础知识

第1节 // 编织娃衣的工具与材料

1.如何选择棒针

（1）不锈钢尖头棒针

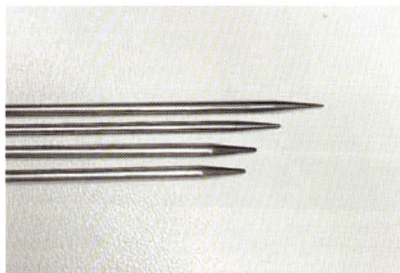

优点 | 织娃衣的线都比较细，针眼也比较小，尖头棒针入针更加精准，在加针、减针等需要好几针一起操作时，能更快地同时挑起多个线圈进行操作。

缺点 | 因为针头较尖，编织时不方便用手抵住针头部位，容易戳到手。

（2）不锈钢圆头棒针

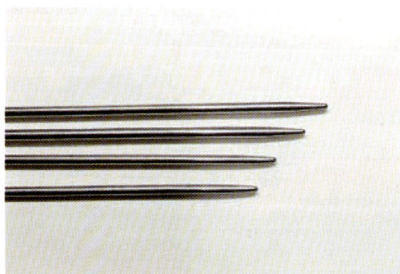

优点 | 编织时可以用手抵住针头部位，不容易戳到手。

缺点 | 入针时不容易精准找到针眼，容易戳入线材导致线材开叉。碰到需要两三针一起操作时，圆头棒针很难做到挑起多个线圈。

（3）不锈钢实心棒针

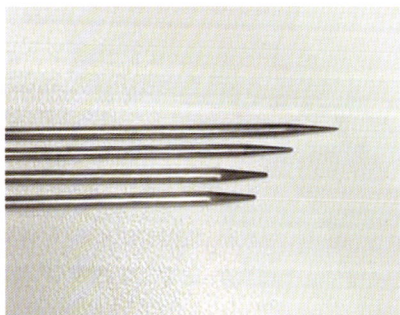

优点 | 不容易变形。织娃衣的线相对较细，用的棒针也很细，初学者刚上手时容易用力偏大，导致棒针变形，可以选择使用不容易变形的不锈钢实心棒针。不锈钢实心棒针拿在手上有重量感，使用起来能给人更加趁手的感觉。

缺点 | 由于具有一定的重量，针数较少时，容易滑针。

（4）不锈钢空心棒针

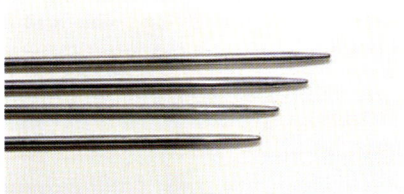

优点 ｜ 重量较轻，针数少的时候也不用担心滑针。

缺点 ｜ 易断，易变形

（5）竹针

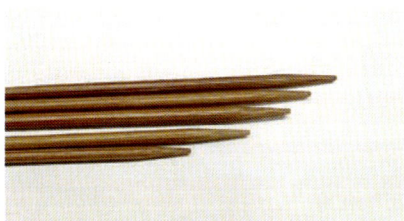

优点 ｜ 针身弹性好，织好的毛衣会比较松软，针头不戳手。表面有一定的肌理，能更好地"抓住"毛线。

缺点 ｜ 表面不如不锈钢针光滑，编织材质较为毛糙的线材时会不顺滑。另外容易折断。

（6）棒针的型号

编织娃衣常用的棒针型号以直径来区分，常用的直径有：1.0mm、1.2mm、1.5mm、1.8mm、2.0mm、2.2mm。长度在12～20cm都比较适合。

以上是娃衣编织常用的棒针，没有优劣之分，不同的使用场景，以及使用不同的毛线可以选择不同的棒针，下面给出一些棒针选择的建议。

· 如果是用细细软软的线编织精细的小花边，尖头的实心不锈钢针入针更精准。

· 如果是编织又轻又滑的马海毛，竹针能更好地"抓住"毛线纤维。

· 如果是用超粗的冰岛线编织简单的围巾，圆头不锈钢针可以轻松完成。

· 同等粗细的不锈钢针和竹针，竹针编织出来的织物比较松软，不锈钢针编织出来的织物比较紧致。

关于棒针的型号，很多初学者会问：我的娃娃身高是……我应该用多少号的棒针？

其实，选择什么型号的棒针，不是根据娃娃的尺寸决定的，更多地是由线材的粗细决定。一般来说细线配合细针使用，粗线配合粗线使用。但有时候也会粗针配合细线，或者细针配合粗线使用。

粗针配合细线：织物会柔软，针眼也较大。需要织大镂空的花样时会用到这种方法。

细针配合粗线：织物会偏硬，且针眼会密集。在织领口、袖口、底边等需要紧实一点的地方时需要用到这种方法。

2.如何选择线材

在选择线材时，我们需要考虑以下几个方面。

（1）品质

线材的品质直接影响织物的质量和耐用性。选择柔软、光滑且无明显杂质的线材可以确保织物质感高级且不易起球。一般好的线材手感柔软顺滑，劣质的摸起来则非常粗糙。另外可以观察线材表面，好的线材颜色、粗细均匀，劣质线材则容易颜色深浅不一，粗细不一致。

（2）材质

常用的毛线材质有羊绒线、羊毛线、兔绒线、竹纤维线等。可以根据织品用途和季节选择合适的材质。比如，毛绒材质视觉上比较暖和，适合编织冬季款衣物；竹纤维材质轻薄、凉快，适合编织夏季款衣物。另外毛绒材质的有长毛、短毛或者长短不规则等不同款式，可以根据想要的效果选择合适的线材。

（3）粗细

线材的粗细度通常用"支数"来表示。数字越大，则表示线越细。编织娃衣一般选择比较细的线材，线材越细，织物越精致。不过同样大小的织物，线材越细，所需要的针数就越多，需要花费的时间就越长。如果是编织体型较大的娃，比如Qbaby的衣物，一般推荐选择稍微粗一点的线材，不然需要花费的时间就会很长。编织娃衣，一般来说会选择20~26支的线材，但大家也可以尝试不同的粗细。

（4）颜色

颜色对于织物的整体外观和风格有极大的影响。黑色、深灰色等深色系的线材可以编织出稳重、成熟风格的针织品，比较适合冬季款；而米色、浅灰色、淡彩色等浅色系的线材可以编织出清新、明亮风格的针织品，比较适合夏季款。

（5）本书用到的线材

◎Gou.d品牌"甲子"系列

以下简称甲子线，26/2（26支，两股合成的线），含40%的羊毛、60%的羊绒。

·纤细柔软。羊绒是动物纤维中最细的一种，羊绒纤维的鳞片小而光滑，纤维中间有空气层，所以重量轻，手感滑糯。

·色泽自然柔和。羊绒纤维粗细度均匀，密度小，横截面为圆形，色泽自然、柔和、纯正。

春夏季的娃衣，以及穿在里面的打底衣物，可以选择用单根甲子线系列线和1.0mm的棒针进行编织，细线编织的衣服更加轻薄，能更好地贴合身体，更加适合春夏季。秋冬季的娃物，包括穿在外面的大衣、外套，可以选择用2根合股的甲子线，用1.5mm的棒针进行编织，稍微粗一点的线材织出来的衣服能更厚实，能给人暖和的感觉，适合秋冬季穿着。

◎蛋小只品牌"林下"系列

以下简称林下线，32/2（32支，两股合成的线），100%竹纤维线。

·良好的耐磨性和韧性。竹纤维线具有超强的耐磨性和韧性，有独特的回弹性，不容易起球。

·良好的吸湿性、快干性、透气性。竹纤维线吸水性是棉的三倍，具有高吸湿性、快干性的优点，透气性能也非常好。

·良好的悬垂性。纵向和横向强度好，且稳定均一，具有很好的悬垂性。

·具有抗菌、抑菌、美容功能。棉织品中细菌和真菌易于繁殖，在竹纤维制品上，这些微生物会在短时间内逐渐死亡，因此竹纤维纱线具有很好的抗菌抑菌功能。另外，竹纤维具有防螨、防臭、防虫，产生负离子的特性，因此具有天然的美容作用。

·抗紫外线能力。竹纤维的抗紫外线能力是棉的几十倍，能有效保护皮肤免受紫外线伤害。

竹纤维线的这些优点使其成为春夏装和贴身衣物的首选面料。熟悉钩针编织的朋友都知道，钩针钩织的密度较大，大部分线材制作的钩针作品都会偏硬，竹纤维线材则能很好地规避这点，使得钩针织物也能跟棒针织物一样柔软。

3. 本书中用到的工具和配件

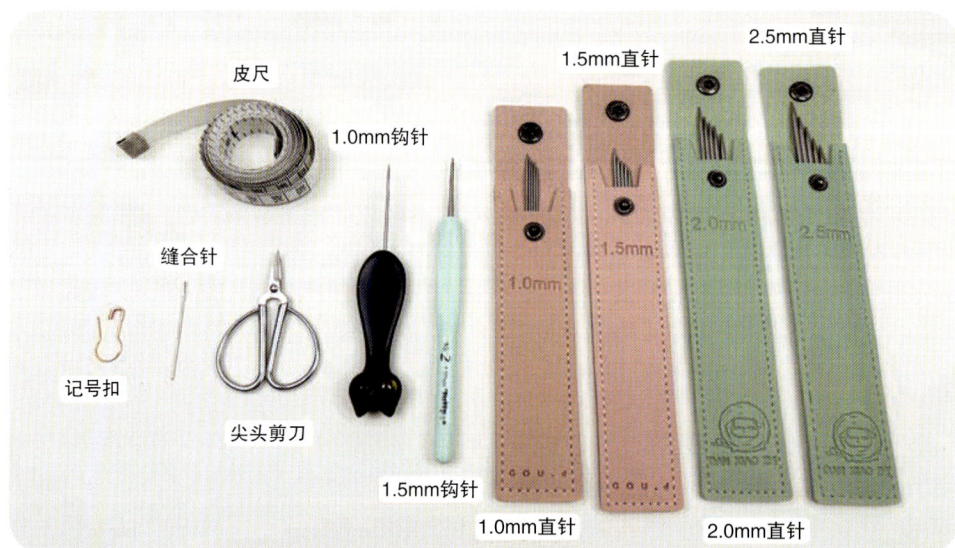

皮尺
1.0mm钩针
1.5mm直针
2.5mm直针
缝合针
记号扣
尖头剪刀
1.5mm钩针
1.0mm直针
2.0mm直针
1.0mm
1.5mm
2.0mm
2.5mm

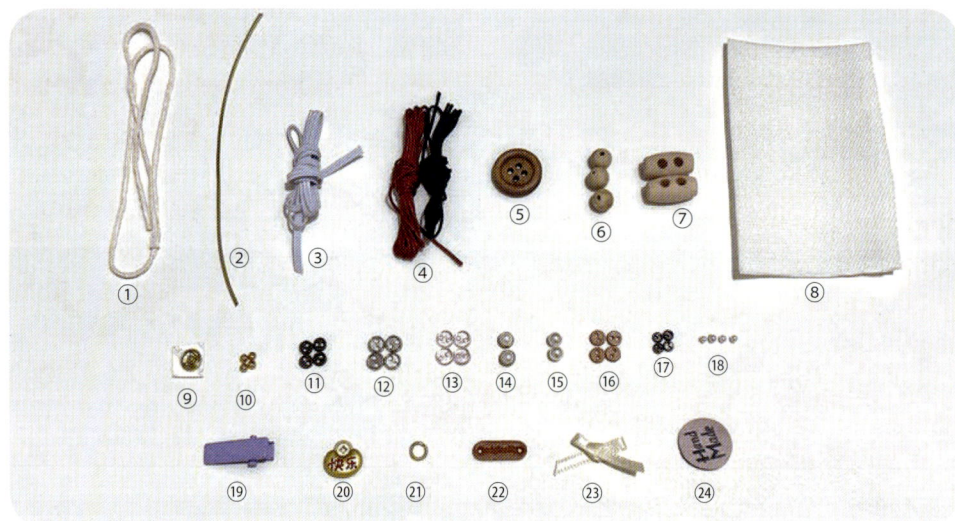

① 纯棉绳（直径1mm）　　⑨ 子母扣（直径5mm）　　⑰ 两眼铜扣（直径3mm）
② 铜丝（直径1mm）　　　⑩ 金色米珠（2mm）　　　⑱ 珍珠（直径2mm）
③ 扁弹力绳（2mm宽）　　⑪ 两眼铜扣（直径4mm）　⑲ 鸭嘴夹（长20mm）
④ 玉绳（直径1mm）　　　⑫ 两眼铜扣（直径5mm）　⑳ 元宝挂件（长10mm）
⑤ 木质纽扣（15mm）　　　⑬ 透明两眼纽扣（直径5mm）㉑ 开口金属圈（直径5mm）
⑥ 木珠（直径6mm）　　　⑭ 珍珠纽扣（直径5mm）　㉒ 皮标（长15mm）
⑦ 牛角扣（15mm长）　　　⑮ 珍珠（直径4mm）　　　㉓ 丝带蝴蝶结（宽15mm）
⑧ 帽檐片（1mm厚）　　　⑯ 两眼树脂纽扣（直径4mm）㉔ 圆形布标（直径15mm）

4.关于娃娃

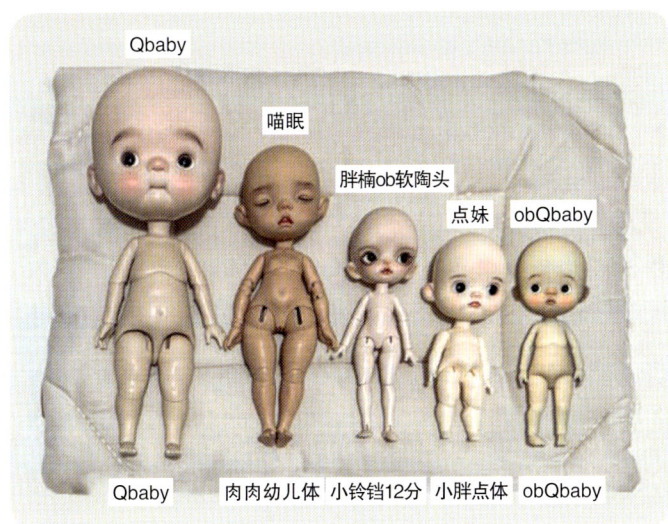

Qbaby

喵眠

胖楠ob软陶头

点妹　obQbaby

Qbaby　肉肉幼儿体　小铃铛12分　小胖点体　obQbaby

本书中用到的模特娃娃（bjd娃娃）

娃娃作者

Qbaby、obQbaby
作者：李老师
小红书号：647053988

胖楠ob软陶头
作者：胖楠
小红书号：pannan_0609

喵眠
作者：孙东旭
小红书号：jacoosunrou

点妹
作者：少女鱼
小红书号：431757728

　　BJD（Ball-Jointed Doll）娃娃是一种关节处由球形连接的可动性玩偶，能够灵活摆出多种姿势，起源于欧洲，后在亚洲有了进一步的发展。通常采用树脂材质，质感细腻，多数为手工制作，工艺复杂，价格较高。

　　BJD娃娃的创作者，有些是头和素体（身体）整套发售，有些是只售卖头，或只售卖素体。创作者会给每个娃娃取名字，不管是头和身体或者是整套，都有属于它们自己的名字。上图中上面的文字即是头的名字，下面的文字即是素体的名字，若头和素体的名字一样则代表是整套出售的。整套售卖的一般会包含：假发、眼珠、妆容、服装以及鞋子，单独售卖的需要自己另行购买。

素体名称	娃头名称	头围/cm	身高/cm（不含头）	脖围/cm	肩宽/cm	胸围/cm	腰围/cm	臂围/cm	大腿围/cm	小腿围/cm	腿长/cm	臂长/cm
Qbaby		26	15.6	5.6	4.5	11.3	12.5	14.5	7.5	6	8	7.2
肉肉幼儿体	喵眠	17	13.8	3.9	3.7	7.4	7.6	13	6.8	4.4	8	4.7
小铃铛12分	胖楠ob软陶头	14	10	2.3	1.8	4.7	4.7	7.6	4	3	5.6	3.3
小胖点体	点妹	14.6	8	3.8	3.5	5	7	8.2	4.4	3.5	4	3
obQbaby		14.7	13	3	2	6.2	6.8	7.3	3.7	3.2	4.4	4

第 2 节 // 棒针编织的基础针法

棒针编织的基本逻辑是通过基础针法编织出织片，织片再组成完整的衣服。针法就好像盖房子的砖头，通过一针针的针法积累成最后的成品。下面我们来学习棒针编织的基础针法，熟练掌握这些针法后，再复杂的娃衣也能轻松编织。

1.起针

起针是一件衣服的开始，是将毛线固定在棒针上的方法。起针后我们就可以一点点往下编织了。起针的数量决定了织物的宽度，常用的起针方法有左手长尾起针、右手长尾起针、下针起针、交替式揽绳起针等，在实际的编织工作中，可以按个人的习惯和作品的需要来选择不同的起针方法。

（1）左手长尾起针

1 预留所需起针数3倍长度的线长，打个活结。

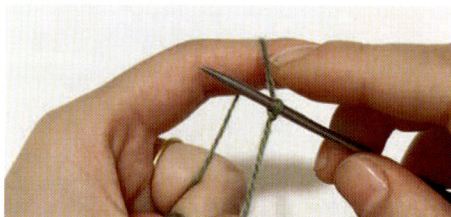

2 将棒针插入到活结中。

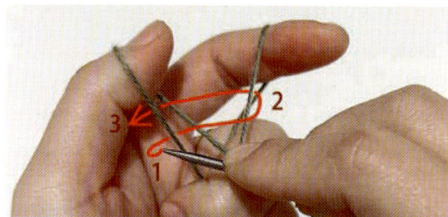

3 棒针沿着图中1、2、3的顺序绕线。

4 将线按照箭头方向拉紧，使线缠绕在棒针上，这样就完成了1针。

5 重复步骤3、步骤4。上图是起完5针的效果。

（2）右手长尾起针

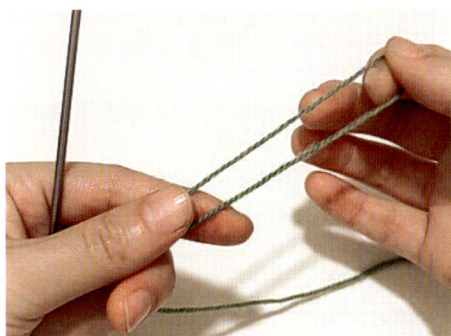

1 预留所需起针数3倍长度的线长，打个活结。

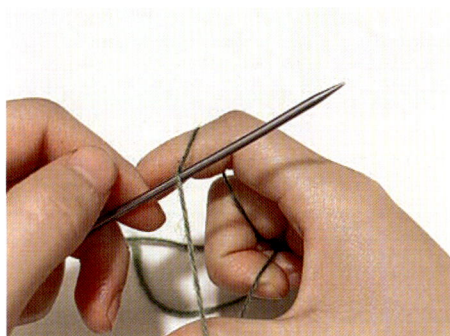

2 将线挂在棒针上，如图用手指撑开。

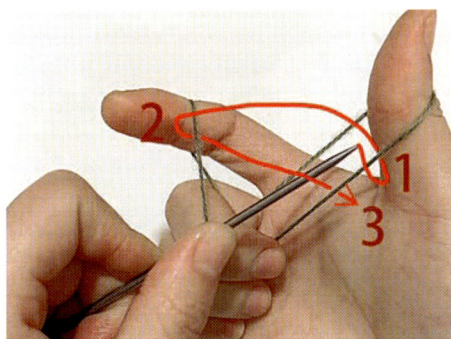

3 左手大拇指按住线，将棒针沿着如图1、2、3的顺序绕线。

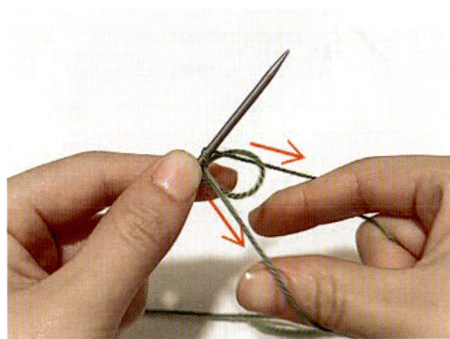

4 右手两手指将线沿着箭头方向拉紧，使线缠绕在棒针上。

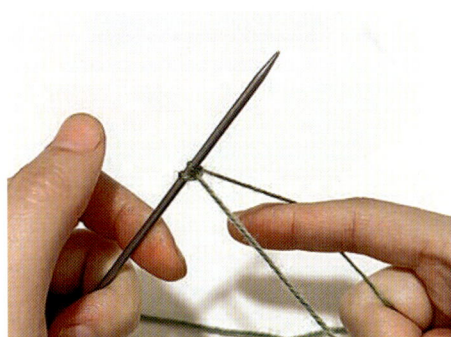

5 这样就起好了2针。

6 重复步骤3、步骤4。上图是起了6针的效果。

（3）下针起针

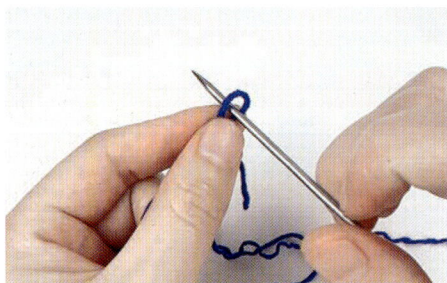

1 将线材打个活结，棒针插入活结中。

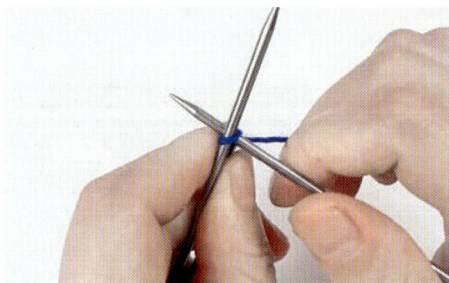

2 再拿一根棒针插入到线圈中。

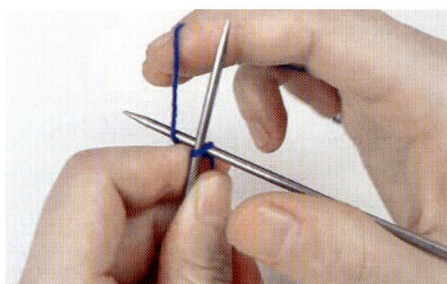

3 右手食指从下往上将线绕在右棒针上。

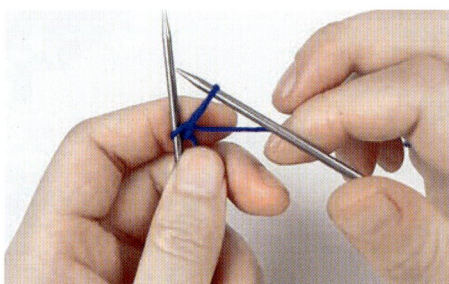

4 如上图，右棒针带出上一步绕上去的线圈。

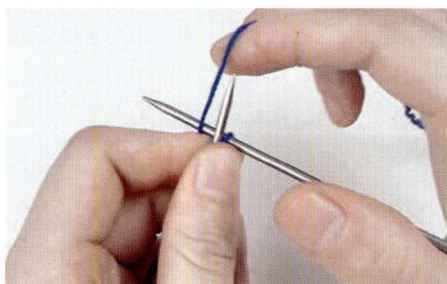

5 将线圈挂在左棒针上，右棒针不抽出。

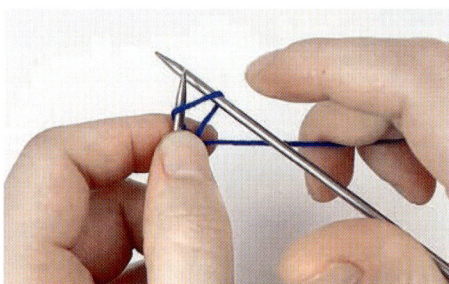

6 继续将线从下往上挂在右棒针上。

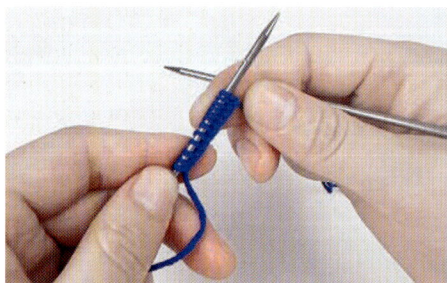

7 重复步骤4~6，上图是起完针后的样子。

（4）交替式揽绳起针

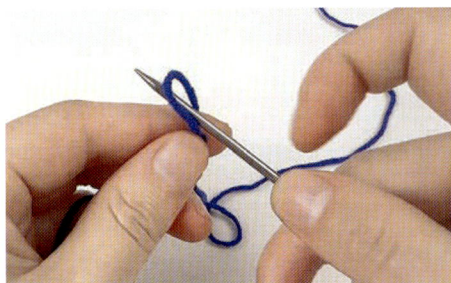

1　将毛线打个活结，棒针插入到活结中。

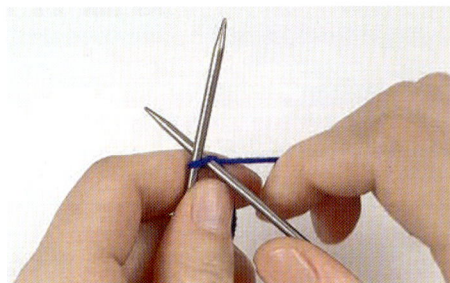

2　再拿一根棒针插入到线圈中。

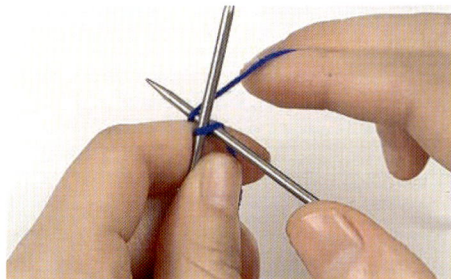

3　线从下往上挂在右棒针上。

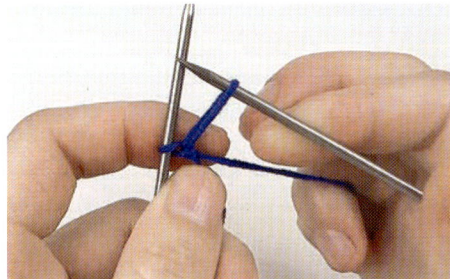

4　右棒针带出线圈。

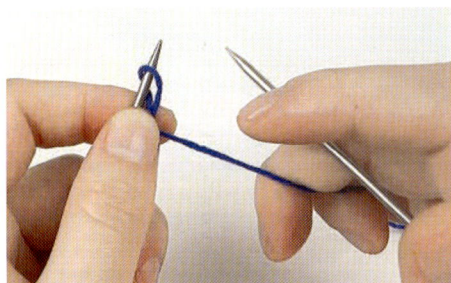

5　将线圈放在左棒针上。

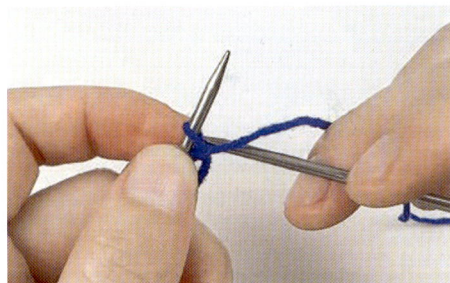

6　将空出来的右棒针放在线的下方。

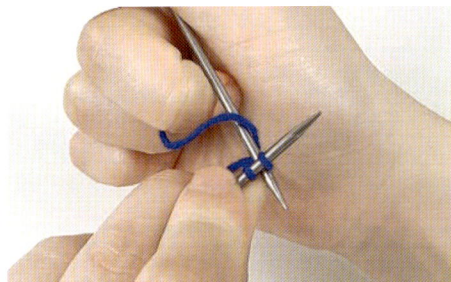

7　从后往前插入到2个线圈中间。

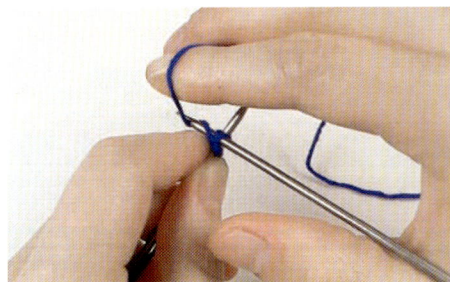

8　线从下往上挂在右棒针上。

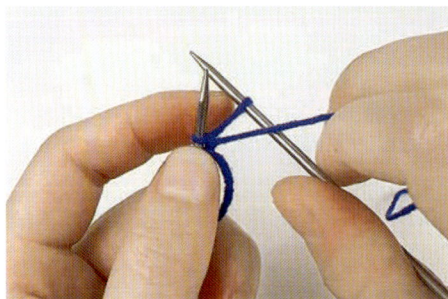

9 右棒针带出线圈。

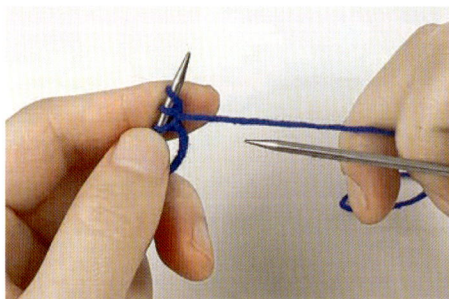

10 将线圈放在左棒针上。

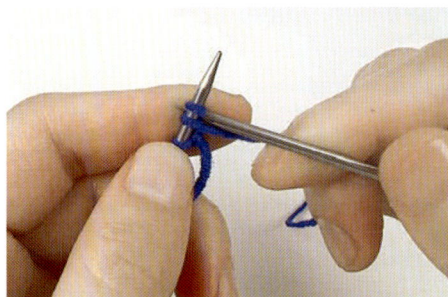

11 右棒针从前往后插入到2个线圈中间。

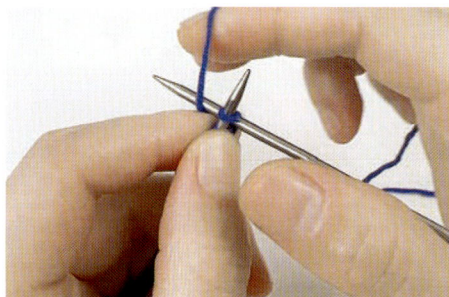

12 线从下往上挂在右棒针上。

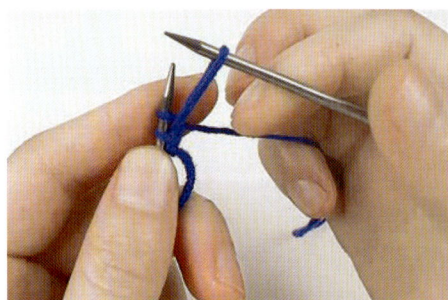

13 右棒针将线带出。

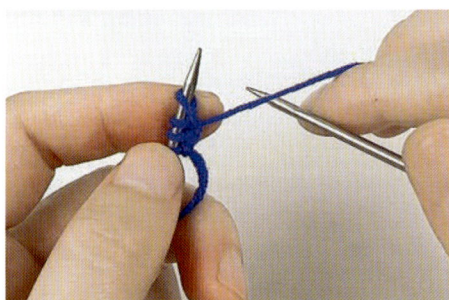

14 将线圈放在左棒针上。

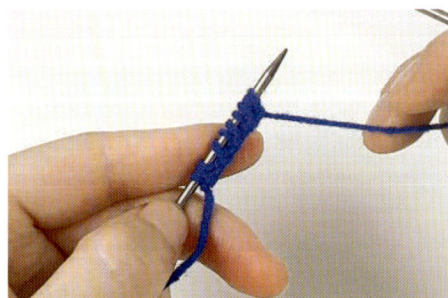

15 重复步骤6～14，上图便是单螺纹起针的效果。

2.下针

　　下针是最基础的针法之一，也是编织平面织物的主要针法，它的特点是形成一条连续的V字形纹理，多用于正面的编织。

1　右棒针由上往下插入到线圈中。

2　右食指将线提起。

3　将线由下往上挂在左棒针上。

4　右棒针将线从左棒针的线圈中挑出。

5　将左棒针上的线圈从棒针上脱落。

6　1针下针完成。

3.上针

上针也是常用针法，会形成一条横向的凸起纹路，多用于反面的编织。与上针结合，能形成凹凸纹理。

1 将线放在线下方，右棒针的上方。	2 右棒针从下往上插入到线圈中。
3 用食指撑起线。	4 将线从下往上绕挂在右棒针上。
5 将挂在棒针上的线往后拉。	6 从左棒针上的线圈带出。
7 将左棒针上的线圈从棒针上脱落。	8 1针上针完成。

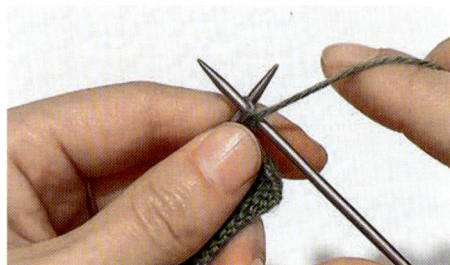

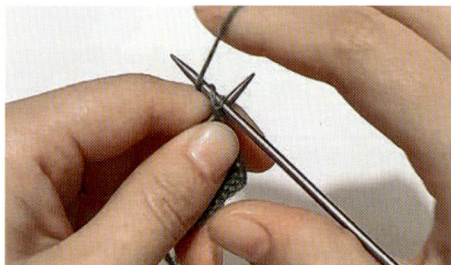

4.加针

加针是在编织过程中增加针目的方法，通常用于织物的加宽或塑形，常用的加针方法有左加针、右加针、空加针等。

（1）上针的空加针

当线在棒针的上方要织上针时，可以使用上针的空加针。

1 将线由下往上绕在右棒针上。

2 1针上针的空加针完成

（2）下针的空加针

当线在棒针的下方要织下针时，可以使用下针的空加针。

1 将线由下往上挂在右棒针上。

2 1针下针的空加针完成。

（3）挑辫子的左加针

1 用左棒针挑起右棒针上从棒针开始从上往下第3个针目v字形的左边一侧的"辫子"。

2 右棒针从挑起来的这个针目的下面入针。

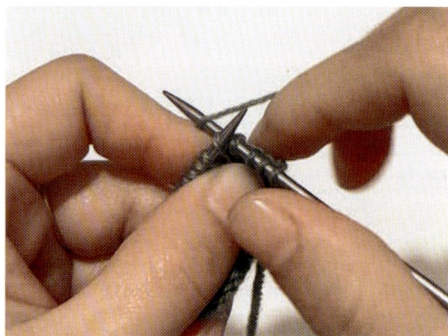

3 将线由下往上挂在右棒针上。

4 右棒针带出线圈。

5 将线圈从左棒针上脱落，1针挑辫子的左加针完成。

（4）挑辫子的右加针

1 用右棒针挑起左棒针上从棒针开始从上往下第 2 个 v 字形的右边一侧的"辫子"。

2 将这个针目挂在左棒针上。

3 右棒针从线圈插入。

4 线由下往上挂在右棒针上。

5 将线圈带出，同时从左棒针脱落，1 针挑辫子的右加针完成。

（5）挑横渡线的左加针

1 右棒针挑起2个针目中间横着的线（即横渡线）。

2 左棒针从前往后插入到这个线圈中。

3 将右棒针脱出。

4 右棒针从横渡线的后面入针。

5 线从下往上挂在右棒针上。

6 右棒针带出线圈，使线圈从左棒针上脱落。

7 1针挑横渡线的左加针完成。

（6）挑横渡线的右加针

1　右棒针挑起左右针中间的横渡线。

2　左棒针从后往前插入到线圈中。

3　脱出右棒针。

4　右棒针从横渡线前面的线圈入针。

5　将线由下往上挂在右棒针上。

6　右棒针带出线圈。

7　将线圈从左棒针上脱出。

8　1针挑横渡线的右加针完成。

（7）卷加针

1 将线绕在右手食指上一圈。

2 将线圈挂在左棒针上。

3 1针卷加针完成。

5.减针

减针是在编织过程中减少针目数量的编织方法，通常用于织物的收窄或塑形，常用的减针方法有左上2并1、右上2并1等。

（1）上针的左上2并1减针

1 将线置于棒针的上方，右棒针由下往上同时插入左棒针的2个线圈中。

2 将线由下往上挂在右棒针上。

3 右棒针带出线圈，从左棒针脱落。

4 1针上针的左上2并1减针完成。

（2）左上2并1减针

1 右棒针从下往上插入左棒针的2个线圈。

2 线由下往上挂在右棒针上。

3 右棒针带出线圈，并从左棒针脱落。

4 1针左上2并1减针完成。

（3）右上2并1减针

1 右棒针以下针的方式从左棒针挑下2个线圈。

2 将左棒针插回到被挑到右棒针上的2个线圈中。

3 将线由下往上挂在右棒针上。

4 右棒针带出线圈，同时从左棒针脱落。

5 1针右上2并1减针完成。

6. 小燕子减针

小燕子减针是一种常用于毛衣袖窿、领口或斜肩部位的减针技巧，因其编织形状似燕子翅膀而得名，右减针往右倾斜，左减针往左倾斜。

（1）小燕子右减针

1 左棒针上的 3 针是要被减去的针目。

2 从左往右看，将第 1 针和 2、3 针交换位置。

3 交换时第 1 针保持在 2、3 针的上方。

4 将第 3 针织下针。

5 右棒针上的第 2 个线圈盖过第 1 个线圈。

6 将第 2 针织下针。

7 1 针小燕子右减针完成。

（2）小燕子左减针

1 左棒针上的3针是将要被减去的针目。

2 从左往右看，将第2针和第3针交换位置。

3 交换时第3针保持在第2针的上方。

4 将第2针放回到左棒针。

5 将第2针织1针下针。

6 挑下第3针不织。

7 将第1针织1针下针。

8 右棒针上的第2针盖过第1针。

9 1针小燕子左减针完成。

7.压线编织

　　压线编织是指将一根和织物不同颜色的线编织进织物的反面，达到在反面也能看清针目的效果，方便后续挑出反面的线圈编织。也可用于将剪断的线头压到织物的反面，使织物更美观。

1 以浅蓝色线编入深蓝色织物为例。选择粗细差不多的线材，浅蓝色线放在深蓝色线上方。

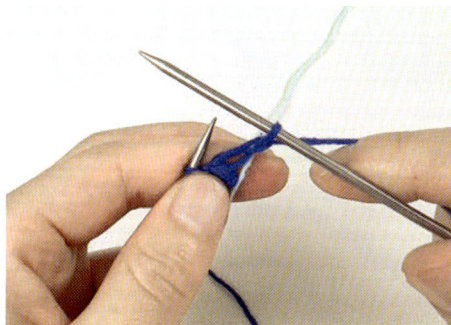

2 深蓝色线织1针下针。

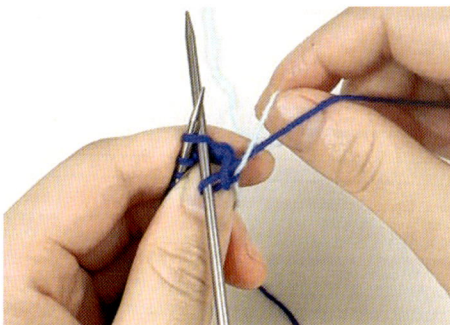

3 再次将浅蓝色线压在深蓝色线上方。

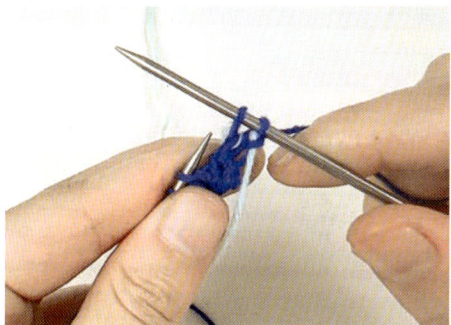

4 再用深蓝色线织1针下针。上图是压完了2针的样子。

5 重复以上的步骤。上图是全部压完后织物反面的效果。

8.扭针

扭针是指通过改变入针的方向或绕线的方式，让针目产生扭转的效果，达到让织物更紧实的目的。

（1）扭上针

1 右棒针从下面插入左棒针的线圈里。

2 线由下往上绕挂在右棒针上。

3 右棒针将线圈带出，同时从左棒针脱落。

4 1针扭上针完成。

（2）扭下针

1 右棒针从下面插入左棒针的线圈中。

2 将线由下往上挂在右棒针上。

3 右棒针带出线圈，同时从左棒针脱落。

4 1针扭下针完成。

9.管状针

　　利用管状针针法能编织出的细长的管状织物，外观光滑圆润，常用于制作包带、装饰边等，起针数决定管状的粗细。

1 左手长尾起针3针。

2 针目不编织，直接滑到棒针另一侧。

3 所有针目都织下针。

4 重复第2、第3步骤，得到所需的长度。

5 将线头穿进大孔缝针，缝针穿过棒针上的所有的线圈。

10.豆豆针

利用豆豆针可以编织出凸起的球形装饰。豆豆针需要借助钩针完成。

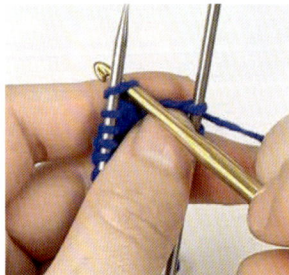

1 钩针从下往上插入到线圈中。

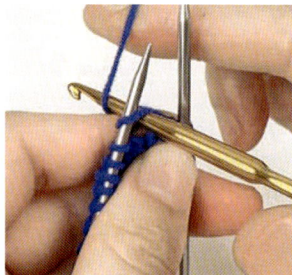

2 将线由下往上绕挂在钩针上。

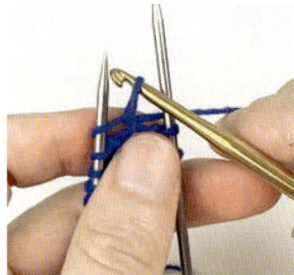

3 钩针将线圈带出。

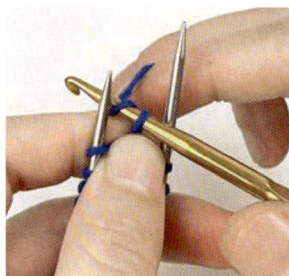

4 再将线由下往上挂在钩针上。

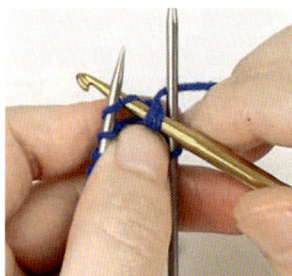

5 钩针重新插回到左棒针的针目中。

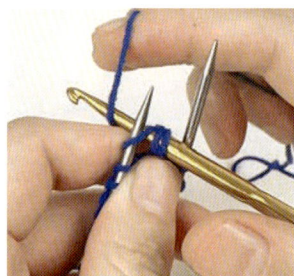

6 再将线从下往上挂在钩针上。

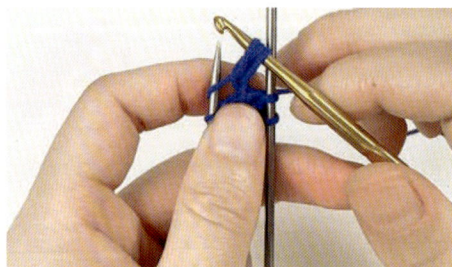

7 钩针将线圈带出。

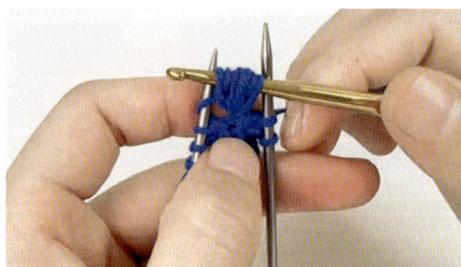

8 重复4~7步骤，直到形成大小合适的豆豆。

9 将线圈从左棒针脱落。

10 线由上往下挂在钩针上。

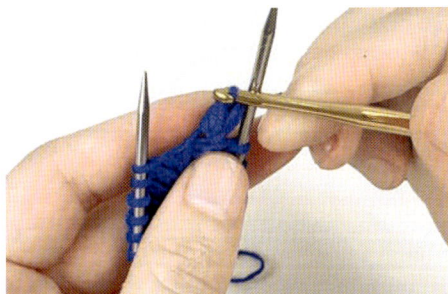

11 将线一次拉出所有线圈。

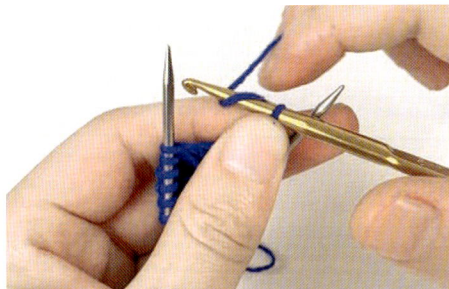

12 再将线由下往上挂在钩针上。

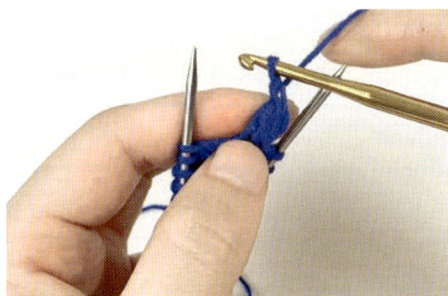

13 钩出线圈。

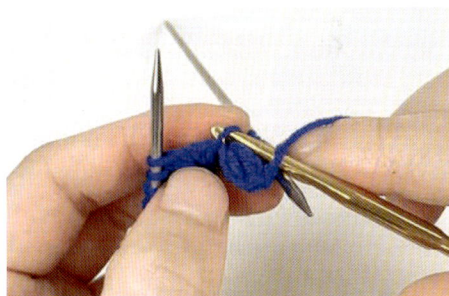

14 钩针插入到豆豆底下横着的线圈中。

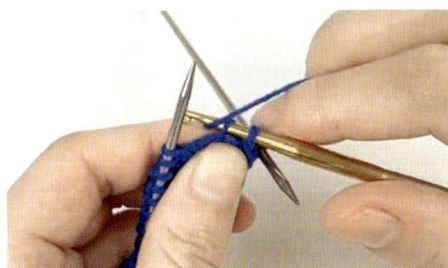

15 线由下往上绕挂在钩针上。

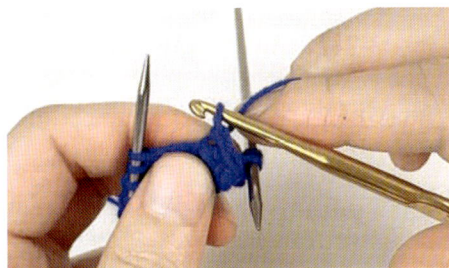

16 将线一次钩过 2 个线圈。

17 将钩出的线圈挂在左棒针上，1 针豆豆针完成。

11. 收针

收针是一种用于固定针目、结束编织的针法，目的是让织物的边缘整齐且不易松散，收针是整个编织最后的关键步骤，不同的收针方法会达到不同的边缘效果。

（1）单螺纹收针

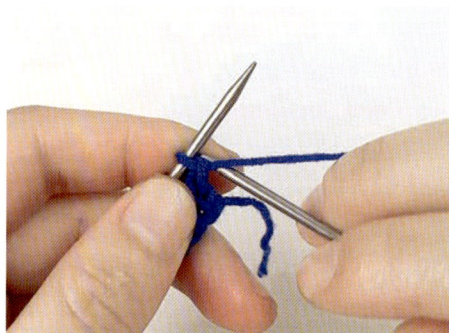

1 左棒针第1针是下针。

2 以上针的方式织第1针下针。

3 右棒针脱出线圈。

4 让线保持在棒针的下方，棒针重新插入到线圈中。

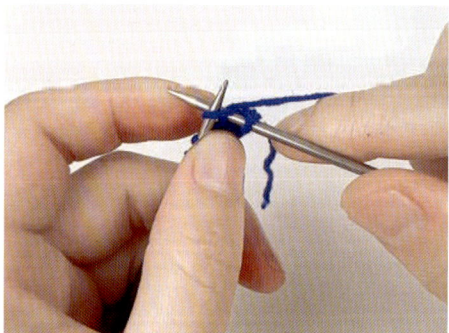

5 织1针下针。

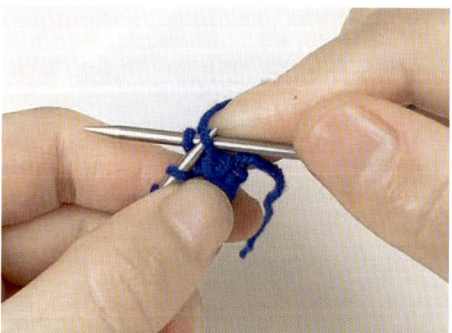

6 左棒针从前面插入线圈盖过右棒针第1个线圈。

7 继续织1针下针。

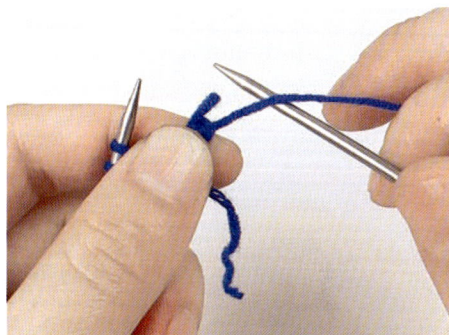

8 右棒针脱出线圈，线保持在棒针的上方。

9 将右棒针重新穿回到线圈中。

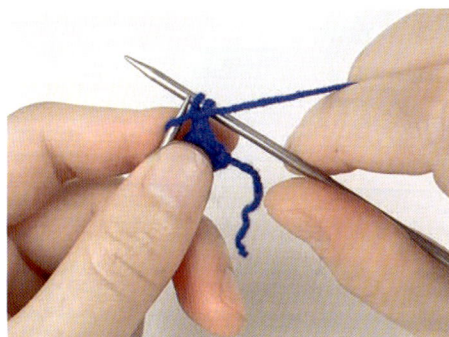

10 再织1针上针。

11 左棒针从后面将第1针拨过来，线圈盖过右棒针第1个线圈。

12 上图是单螺纹收针的效果。

（2）下针收针（平收）

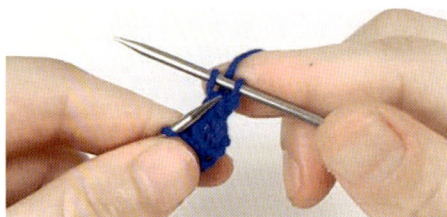

1 先织2针下针。

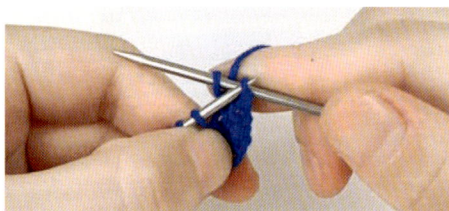

2 左棒针插入到第1个线圈中，将线圈盖过右棒针第1个线圈。

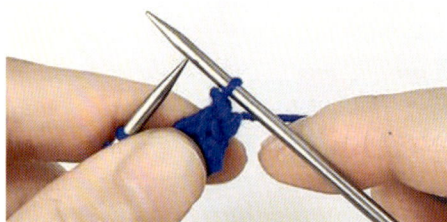

3 如上图，这样就收完了1针。

4 织1针下针，用左棒针将第1个线圈盖过第2个线圈。

5 上图是收针完成后的效果。

（3）狗牙边收针

狗牙边收针是一种兼具装饰性和功能性的边缘处理技巧，常用于衣物、围巾、毯子等作品的边缘，制造出均匀的凹凸纹理，形成类似"牙齿"的波浪状花纹，使边缘更显精致。

1 织1针上针的左上2并1。

2 将右棒针从线圈中抽出。

3 将右棒针放在线的上方。

4 右棒针重新插回到线圈中。

5 左棒针上的第1针织下针。

6 将右棒针上的第2针盖过右棒针上的第1针。

7 完成后右棒针只有1个线圈。

8 将右棒针上的线圈放到左棒针。

9 重复1~9步骤收掉所有针目。

12.单螺纹换双螺纹

单螺纹换双螺纹是从一种基础针法（单螺纹）过渡到另一种针法（双螺纹）的编织方法，通常用于调整织物的弹性、厚度或纹理，形成纹理的变化，增加编织物的层次感（例如从单螺纹领口过渡到双螺纹衣身）。

1 上图是1针下针、1针上针交替的单螺纹纹理，需要转换成2针下针、2上上针交替的双螺纹纹理。

2 第1针织下针，接着要织第2针下针，但是左棒针上的是1针上针，因此需要把左棒针上的第2针的下针和第1针的上针交换位置。

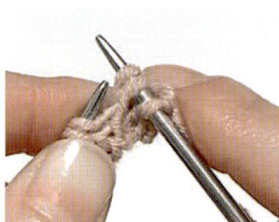

3 右棒针以下针的方式同时插入2个线圈并滑出左棒针。

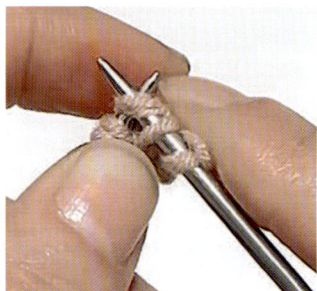

4 左棒针插入右棒针的第1个线圈。

5 抽出右棒针。

6 将右棒针上的第1针放到左棒针上。

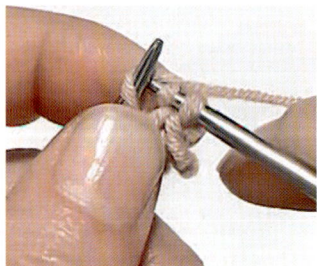

7 织1针下针。

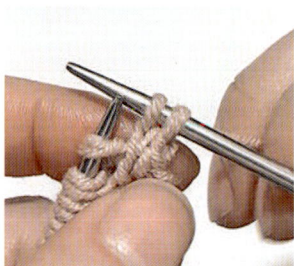

8 这时右棒针上看到是紧挨在一起的2针下针。

9 左棒针上的2针上针也紧挨在一起，这样就交换完了一组单螺纹换双螺纹。

13. 锁针

利用锁针可以编织形成"小辫子"结构，最常用于编织条形部件，也经常用于起针、连接、针法间的过渡等。锁针需要借助钩针完成。

1 将线打一个活结。

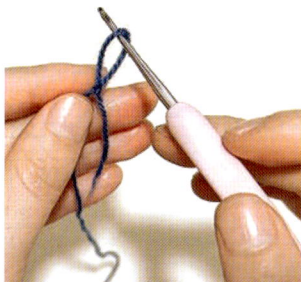

2 钩针插入活结中。

3 拉紧活结。

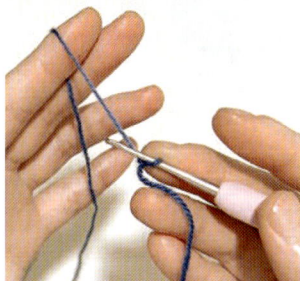

4 食指和中指夹住线。

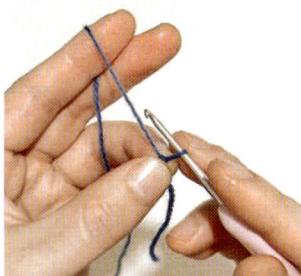

5 无名指和大拇指捏住结。

6 钩针绕线。

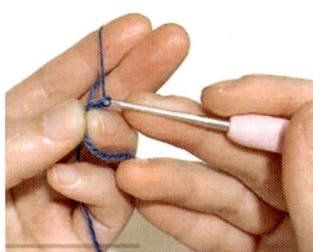

7 将线带出线圈，这样就完成了1针锁针。

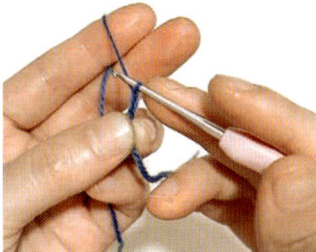

8 重复步骤6、步骤7，得到需要的锁针针数。

14.无缝缝合

　　无缝缝合是指将两片织物无痕衔接的技巧，使接缝处看起来像连续的针目，仿佛一体成型，能避免普通缝合形成的凸起痕迹。（为了方便述说，以下案例中，将紧挨着自己的靠前的棒针称为棒针1，远离自己的靠后的棒针称为棒针2。）

1 将完成的织物左右对叠，反面朝内，正面朝外。此时，线位于棒针1的针目。

2 取一根更细一些的棒针，以上针的方式入针棒针2的第1个针目。

3 将线拉出。

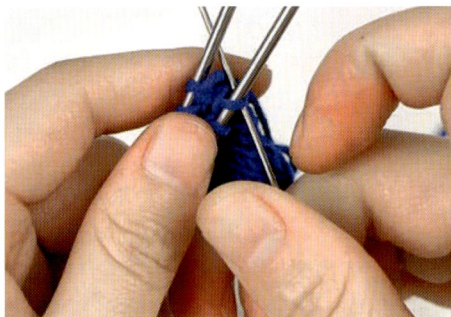

4 继续用细棒针以下针的方式入针棒针1的第1个针目。

5 将线拉出。

6 细棒针以上针的方式挑下棒针2的第1个针目。

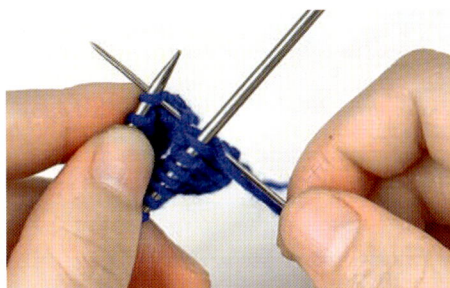

7 细棒针以下针的方式入针棒针2的第2个针目。

8 将线拉出。

9 细棒针以下针的方式挑下棒针1的第1个针目，以上针的方式入针棒针1的第2个针目。

10 将线拉出。

11 重复步骤6~步骤10，直到棒针上剩最后2个线圈。

12 以上针的方式挑下棒针2的针目。

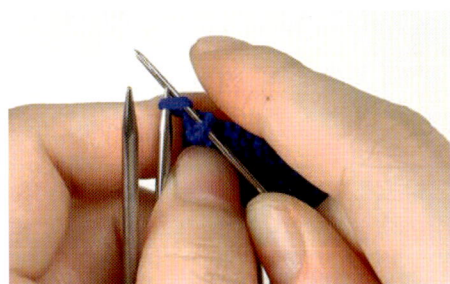

13 用细棒针以下针的方式挑下棒针1的针目。

14 无缝缝合完成。

15.德式引返

德式引返是一种通过"部分编织"形成织物弧度或斜面的针法，常用于肩部、领口、袜跟等需要自然过渡的部位，它的原理是通过拉紧编织线，在不剪断线的情况下改变编织的方向。

1 上针编织到引返点（引返概念见本书43页，本案例是4针后为1个引返点）。

2 将织物翻到正面。

3 将线放在右棒针的上方。

4 将左棒针的第1针滑到右棒针（不织）。

5 将线从前方拉到后方。拉线的动作会让线圈形成"假两针"（视觉上像2针，其实是1针）。

6 左棒针上的针目织下针直到织完。

7 翻转织物，准备织反面行（反面行需要消除假两针）。

8 上针织到假两针前。

9 织1针上针的左上2并1。

10 假两针消除完成。

11 继续往前织下1个引返点。

12 重复以上2～10步骤得到想要的倾斜效果。

16.盘扣的制作

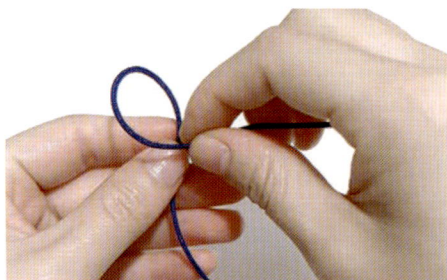

1 将线如上图左右交叉。

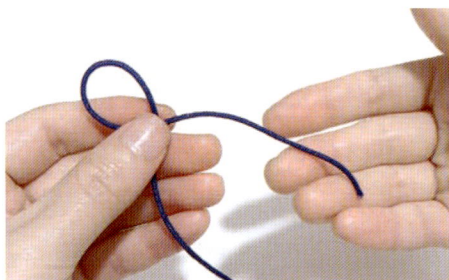

2 左手捏住交叉处。

3 右边的线如上图继续往上叠。

4 捏住交叉处。

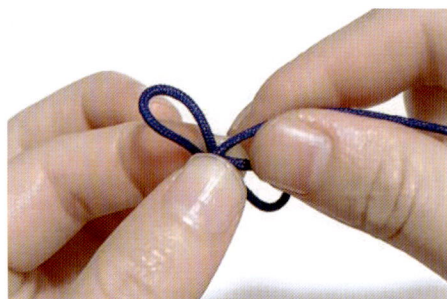

5 右边的线在交叉处绕一圈。

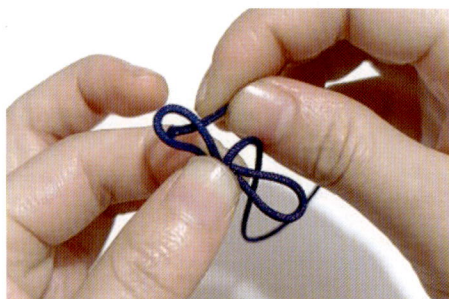

6 线从后往前穿入左边的孔洞。

7 拉出线。

8 捏住交叉处。

9 继续将线穿入右边的孔洞，拉出。

10 捏住交叉处。

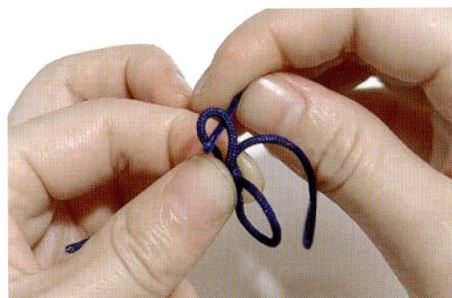

11 再次从左边的孔洞穿出。

12 捏住交叉处。

13 拉右边孔洞的线，将左边的孔洞收紧。

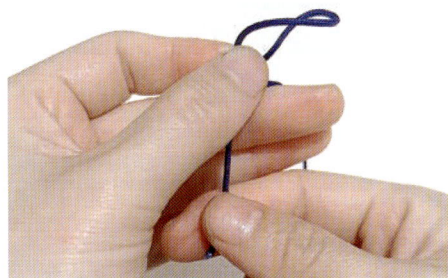

14 再拉左边孔洞的线，将右边的孔洞收紧。

15 盘扣完成。

第3节 // 编织娃衣的专业术语

下面是一些编织娃衣时经常用到的专业术语，本书下面会频繁地使用这些专业术语，使表述更加简洁。

1上：织1针上针。
几上：织几针上针。

1下：织1针下针。
几下：织几针下针。

上挑1：以上针的方式挑下来1针，不织。
上挑几：以上针的方式挑下来几针，不织。

下挑1：以下针的方式挑下来1针，不织。
下挑几：以下针的方式挑下来几针，不织

片织：将1根棒针上的针目进行往返编织（分正面和反面）。

圈织：将针目分布在3根棒针上，将3根棒针圈起来，利用第4根棒针进行一圈一圈地编织（一直在同一面）。

（左上2并1）×2：织左上2并1，共织2次。括号里也可以是其他针法。
（左上2并1）×几：织左上2并1，共织几次。

（1下，左上2并1）×2：1针下针，1针左上2并1，以上重复2次。
（1下，左上2并1）×几：1针下针，1针左上2并1，以上重复几次。

针目：编织过程中形成的一个线圈，也就是棒针上每一个独立的线圈结构。

废线：用于辅助编织的线材，是用临时线材暂时固定或代替部分针目，完成特定的编织工序后再将废线拆除并继续用主线编织。废线的作用类似于"占位符"，常见于需要分段处理或复杂结构的编织。

分针：将针目分配到不同位置或不同棒针上的操作。目的是将织物的不同部分分开处理，以便后续独立编织。通常用于分片编织、塑形结构等。

边针：织物边缘的针目（即最开头或最末尾的1针或几针）。边针的主要作用是制作装饰性边缘，让织片的边缘更整齐、牢固，或者是为了方便后续缝合。

挑出：编织中常用的操作，是将棒针插入已织好的织物边缘、特定位置的边缘或行间，挑起线圈形成新的针目，作为后续的边织起点，避免分开编织后的缝合，使连接处更平整自然。

拨收：通常在减针或者收针的步骤中出现，是指将右棒针上第2个线圈盖过右棒针上第1个线圈的动作。

育克：音译自英文Yoke，是指某些服装款式在前衣片、后衣片上方的部分。在毛衣编织中特指从领口开始向下编织，前后片与肩部连为一体的部分，直到腋下位置才分针形成袖窿和正身。这种设计避免了传统毛衣需要缝合肩线的步骤，属于一体成型的编织方法。

茎：连接毛衣不同部分（如前后片与袖子）的纵向线条。

引返：正常织衣服的时候是把一根棒针上的针目织到头，换出原先的那根棒针后继续编织，引返则无需把棒针上的针目织完，而是织到设定的位置后原路返回编织。引返的目的是让织物在这个设定的位置呈现出高低的落差。

系数：系数是调整尺寸时至关重要的参数，是不断累积经验总结出来的，用于将设计图中的尺寸转换为实际编织的行数和针数。例：腰围3cm、横密5针/cm，腰围×横密计算出起针数是15针，但是由于不同毛线、不同款式、不同针法、不同棒针粗细等原因都会影响到起针数，所以具体起针数是：腰围×横密×系数。

第4节 // 织片

一件毛衣由织片构成，下面我们讲解不同的织片编织方法，学会了这些，就能轻松地制作出各种编织娃衣了。

（1）片织平针

片织平针正反面有区别，左图是正面，右图是反面。

正面：全部织下针
反面：全部织上针

（2）片织起伏针

起伏针正反面都是一样的。

正反面：全部都织下针

（3）片织单螺纹

正面织的下针到反面看就是上针，正面织的上针到反面看就是下针。所以反面织的下针是正面织的上针，反面织的上针是正面织的下针。单螺纹正反面都是一样的。

正面：1下，1上，交替编织（也可以先1上，再1下）
反面：1下，1上，交替编织（也可以先1上，再1下）

（4）片织双螺纹

　　正面织的下针到反面看就是上针，正面织的上针到反面看就是下针，所以我们在反面织的下针是正面织的上针，在反面织的上针是正面织的下针。双螺纹的正反面都是一样的。

正面： 2下，2上，交替编织（也可以先2上，再2下）
反面： 2下，2上，交替编织（也可以先2上，再2下）

（5）片织空心针

　　正面织的下针到反面看就是上针，正面织的上针到反面看就是下针，所以在反面织的下针是正面挑下的上针，在反面挑下的上针是正面织的下针。空心针的正反面都是一样的。

正面： 1下，上挑1，交替编织
反面： 1下，上挑1，交替编织

（6）圈织双螺纹

　　正面圈织双螺纹，不需要往返织，2针下2针上地交替编织即可。

（7）圈织起伏针

正面圈织起伏针，1圈下针，1圈上针交替编织。

（8）圈织平针

正面圈织平针，全部都织下针。

（9）圈织空心针

第1圈：1下，上挑1；第2圈：下挑1，1上。第1圈和第2圈交替编织。

（10）圈织单螺纹

正面圈织单螺纹，每圈都是1下、1上交替编织。

第 5 节 // 编织娃衣前还需掌握的知识

1.密度

毛衣编织的密度是指在横向单位尺寸内有几针，竖向单位尺寸内有几行，对于较小的娃衣，一般取厘米为单位尺寸。知道密度后，就能计算出任何尺寸内需要编织几针或者几行。

（1）直密

直密是直向密度的简称，是指纵向1cm内包含有几行。以下图为例，红色的V字代表1行，这里1cm高度内有6行，直密就是6行/cm。不同的针号、不同粗细的线材，不同的手劲，成品的直密也会不一样。

【举例】

· 1.0mm的棒针和单根甲子线编织得到的成品直密是11行/cm；

· 1.5mm的棒针和2根甲子线合股编织得到的成品直密是7行/cm；

· 2.0mm的棒针和3根甲子线合股编织得到的成品直密是6行/cm；

· 2.5mm的棒针和4根甲子线合股编织得到的成品直密是5行/cm；

· 1.0mm的棒针和2根林下线合股编织得到的成品直密是14行/cm。

（2）横密

横密是横向密度的简称，是指横向1cm内包含有几针。以下图为例，红色的V字代表1针，这里1cm宽内有4针，横密就是4针/cm。不同的针号、不同粗细的线材，不同的手劲，成品的横密也会不一样。

【举例】

·1.0mm的棒针和单根甲子线织出来的横密是7针/cm；

·1.5mm的棒针和2根甲子线合股编织得到的成品横密是5针/cm；

·2.0mm的棒针和3根甲子线合股编织得到的成品横密是4/cm；

·2.5mm的棒针和4根甲子线合股编织得到的成品横密是3针/cm；

·1.0mm的棒针和2根林下线合股编织得到的成品横密是8针/cm。

需要注意，以上是本人手劲编织得到的数据，不同人手劲不同，得到的数据也会有差异。并且，刚开始编织时手劲会偏大，织久了手开始累了，手劲就会变小。大家可以有意识地注意这个问题，尽量保持编织过程中手劲一致，这样才能得到密度一致、视觉效果均匀的编织成品。

2.量尺寸

编织衣服前，需要知道应该编织多大尺寸。尺寸通常有两种量取尺寸的方法：用软皮尺在娃娃素体上直接量取，或者找一件娃娃的衣服，在衣服上量取。

（1）根据素体量尺寸

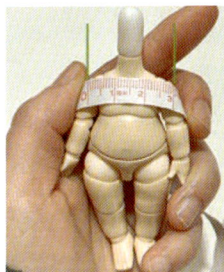

肩宽

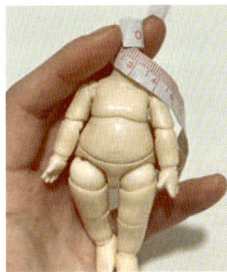

领围

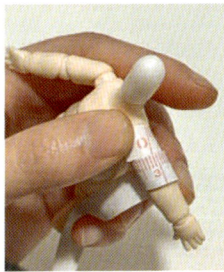

袖围

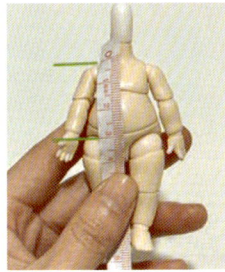

衣长

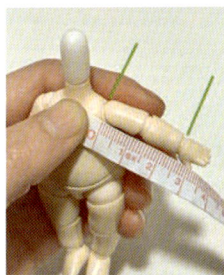

袖长

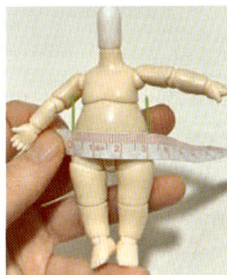

前、后片围

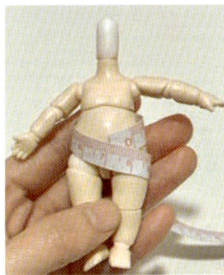

腰围

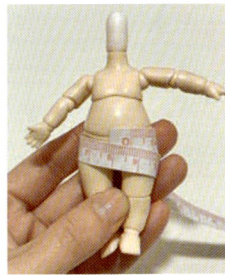

臀围

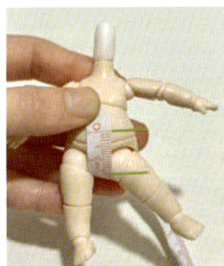

前裆高

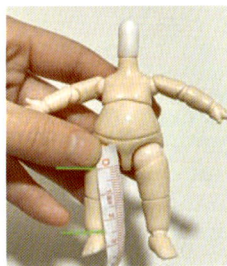

裤内长

裤外长

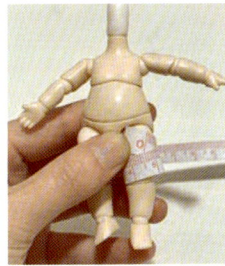

大腿围

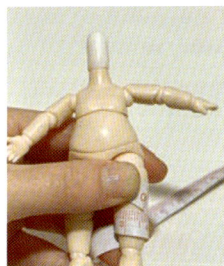

小腿围

裤口围

（2）根据衣服量尺寸

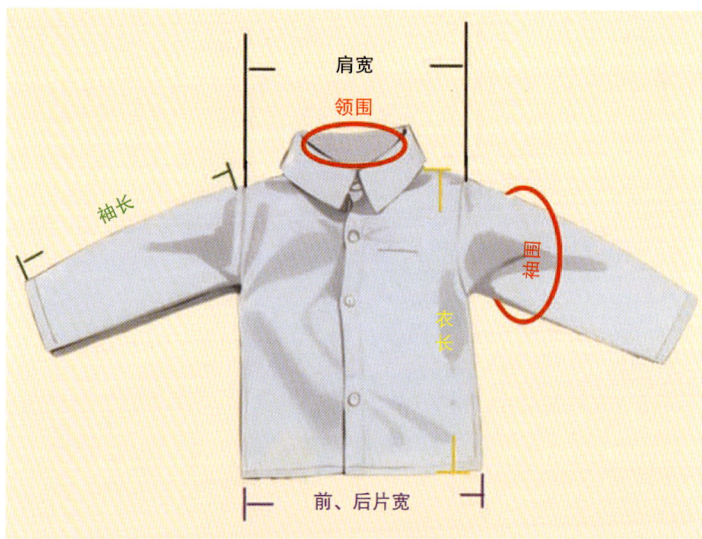

肩宽

领围

袖长

袖围

衣长

前、后片宽

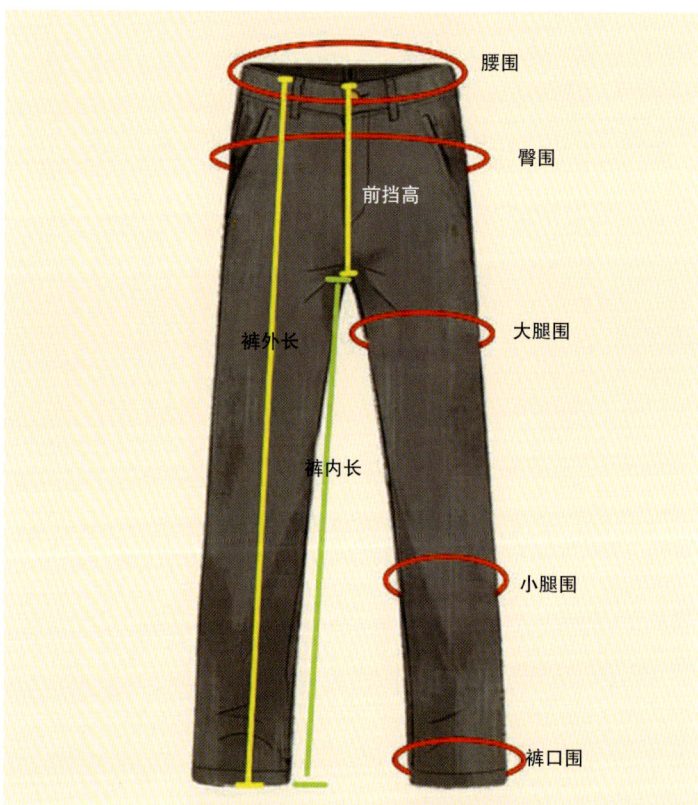

腰围

臀围

前挡高

裤外长

大腿围

裤内长

小腿围

裤口围

第 2 章

娃衣套装编织教程

提示

编织者提图
织的是小样
尺寸和颜色不做参考

本书以下案例编织的是等比例缩小的小样，仅展示编织方法。

文字解说中提供的尺寸为实际尺寸，可作为参考。

作品 1

椿

针号： 1.5mm

线材： 甲子线 2 根合股

色号： 7-2（上图成品的色号。下面的步骤讲解用色不同，可按自己的喜好选择。本书其他案例也有类似情况，不再重复解释）

难度： ★☆☆☆☆

Daiqiuyan摄

模特：点妹

这是一件没有袖子的小坎肩，
侧边的带子可绑可不绑，
简单休闲的款式既干净又舒服。

小坎肩

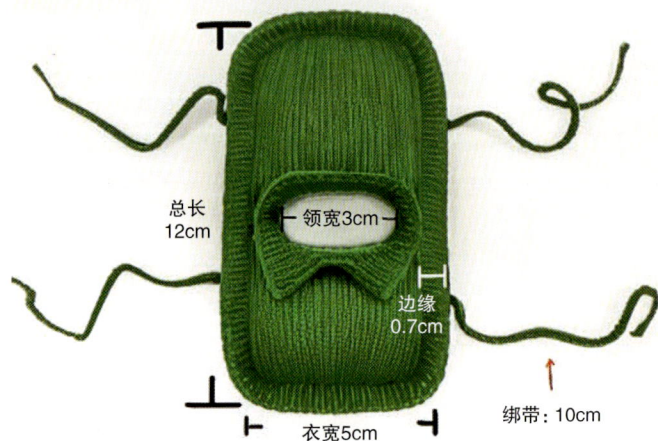

总长
12cm

领宽3cm

边缘
0.7cm

衣宽5cm

绑带：10cm

编织步骤

　　小坎肩是由前后两片编织完成后缝合而成。先织前片，织到领口处挖领窝、织肩带，前片完成后放一边备用，再编织后片，然后两片缝合在一起，然后织衣服外圈的边缘，最后织领子和绑带。

1 长尾起针23针。

2 织23行平针（开始行是反面，反面结束），形成衣服底边到领子的高度，大家可以按照需要调整行数。

3 回到正面，织4针下针。

4 下针收针15针。

5 织3针下针。

6 翻转织物，反面开始织肩带部分，织4针上针。

7 织4行平针，剪断毛线（下文中简称断线）（开始行是正面下针，反面结束，正面收针）。

8 用记号扣扣起左边4针。接下来织另一侧的肩带，织4针上针，织5行平针（开始行是正面下针，正面结束，反面收针）。

9 后片起针23针，再织29行平针，开始行是反面织上针，反面结束。

10 织4针下针。

11 下针收15针，将剩下的3针织完，断线。

12 将前后片如上图对齐，缝合肩带部分（用无缝缝合法）。

13 将织物正面朝上，从箭头处开始入针，每个针目挑出1针，针目在158针左右即可，相差两三针没关系。

14 圈起来后织3圈单螺纹针，单螺纹收针结束。

15 如上图箭头处入针，注意入针方向，挑领口一圈47针，针数相差一两针没关系。

16 织5行平针，反面结束，正面收针。注意：这里是片织，不要连成圈。

17 正面下针收针结束。

18 如上图在左右腋下位置用钩针挑出针目。

19 用锁针钩到想要的长度（长度到可以打结即可）。

以衣宽5cm，领口宽3cm，横密是4.5针/cm，直密6针/cm为例。

①**起针数**=衣宽 × 横密

　　　　=5×4.5

　　　　=22.5（取整数23针）

②**挖领前的行数**=底边到领口的长度（这里取4cm）× 直密。

　　　　　　=4×6

　　　　　　=24行

③**领窝收针针数**

肩宽针数=起针数=23针

领口宽针数=领宽 × 横密

　　　　　=3×4.5

　　　　　=13.5（取整数14针）

两肩的总针数=肩宽针数－领口宽针数

　　　　　　=23－14

　　　　　　=9（9不能被2整除，所以取8针）

领窝收针针数=起针数－两边肩宽针数

　　　　　　=23－8

　　　　　　=15针

小 年

—— 配色参考 ——

模特：obQbaby

浓厚的乡村气息勾起了儿时的回忆，
具有年味的配色让整套服装看起来非常喜庆，
穿上它，立马就变成年画宝宝！

1. 小立领上衣

- 🖊 **针号：** 1.5mm
- 🧶 **线材：** 甲子线 2 根合股
- 🎨 **色号：** 主色 5–6，辅色 7–5，斑点 7–1
- ✏ **盘扣长度：** 1.2cm
- ⭐ **难度：** ★★★☆☆

编织步骤

先单独编织领子，完成后从领子底部挑起线圈织主体部分。下面的案例以玫粉色为主色，浅蓝色为辅色。

编织领子

第一步 ｜ 编织领座，浅蓝色辅色线下针起针28针。

· 第1行：正面，28下。

· 第2行：反面，28上。

· 第3行：正面，28上。

· 第4行：反面，28上。

· 第5行：正面，28下。

· 第6行：反面，28上。

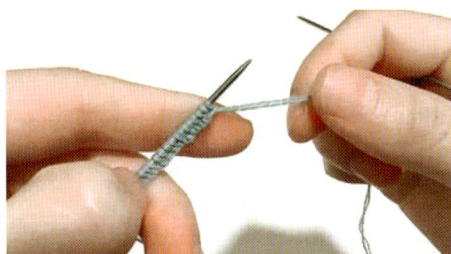

辅色线下针起针28针。

第二步 ｜ 换玫红色主色线，将织物对折，反面相对，正面朝外。对折后将棒针上的线圈和起始边合并织28下。

织2行平针、1行上针、3行平针。

第三步 ｜ 接下来用起伏针织领子，同时引返（德式引返）。

左右两边一针一针地引返，各引返3次，完成后断线，用废线穿起28个线圈。

用主色线将棒针上的线圈和底边线圈合并编织。

继续用起伏针往上编织领子部分，完成后断线，用废线穿起棒针上的针目。

编织上衣主体

第四步 | 用玫红色线将第3行的上针挑起28针。

第五步 | 织1行上针。

第六步 | 参考育克图分针，从箭头方向开始加针。

· 第1行：正面，在茎的左右两侧，以及最后1针前各加1针（用挑横渡线的左加针法），其他正常织下针，加了9针——共37针。

· 第2行：反面，在第1针后加针（用空加针法），其他正常织上针，加了1针——共38针。

· 第3~8行：重复第1行和第2行的织法3次，共织6行，第8行为68针。

· 第9行：正面，在茎的左右两侧，以及最后1针前各加1针（用挑横渡线的左加针法），其他正常织下针，加了9针——共77针。

· 第10行：反面，不加不减织上针。

· 第11~14行：重复第9行和第10行的织法2次，共织4行——第14行为95针。

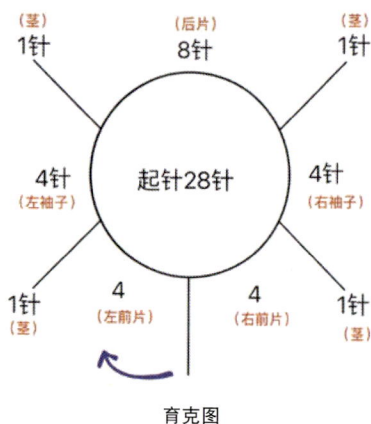

（茎）
1针

（后片）
8针

（茎）
1针

4针
（左袖子）

起针28针

4针
（右袖子）

1针
（茎）

4
（左前片）

4
（右前片）

1针
（茎）

育克图

用主色线挑起领座的第3行上针行的针目。

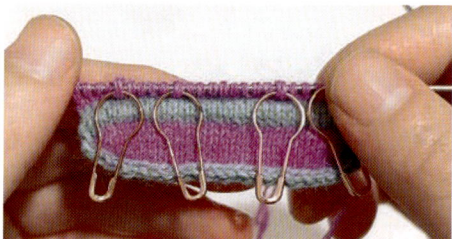

用记号扣标记在每根茎的针目上进行加针。

加到总针数为95针。

编织袖子

第七步 │ 从衣服主体分出分袖子。

· 第1行：12下（左前片），卷加针2针（腋下），18针穿废线上（左袖子），24下（后片），卷加针2针（腋下），18针穿废线上（右袖子），23下（右前片）——共63针。

· 将这63针片织1cm左右的平针，反面结束，下针收针。用辅色线从反面织3针的管状针，包一圈边，从底边开始→织左前片→织领子→织右前片。

第八步 │ 编织2只袖子。

· 将废线上的18针穿回到棒针上，平均分在3根棒针上，主色线挑起腋下卷加针的2针，共20针进行圈织。

· 织0.8cm左右的平针（从腋下量起）。

· 换辅色线圈织0.6cm左右的平针。

用废线分出袖子。

片织1cm左右的平针，断线，不收针。

用辅色线从反面进行一圈的包边。

将袖子上的针目放在3根棒针上进行圈织。

用主色线织0.8cm左右的平针。

用辅色线织0.6cm左右的平针。

第九步 | 用与以上同样的方法编织另一只袖子。

下针收针结束，另一只袖子编织方法相同。

点缀花纹、加盘扣

第十步 | 在衣服上用大孔针缝上点点作为装饰，并加上盘扣，使衣服具有浓浓的中国味。

用缝合针缝上点点。

用水消笔在织物上画出点点的位置。

最后将盘扣固定在门襟处。

如何计算针数

以领围5.6cm，横密5针/cm为例。

① **起针数** = 领围 × 横密

$$= 5.6 \times 5$$

$$= 28针$$

领座是由数行平针、1行上针、数行平针组成，平针的行数决定领座的高度，可自行调节。

② **领子挑起的针数** = 起针数。

③ **领子引返次数**

领子引返的次数决定领口的倾斜度，次数越多越倾斜，可自行调节。

④ **后片的起针数** = （起针数−茎总针数）÷3

$$= （28-4）÷3$$

$$= 8针$$

④ **左右前片的起针数**

左右前片的总起针数=后片的针数=8针，故左右前片起针数各4针。

⑤ **左右袖子的起针数**

左右袖子的总起针数 = 起针数−茎的总针数−后片针数−左右前片总起针数

$$= 28-4-8-8$$

$$= 8针$$

故左右袖子起针数各4针。

⑥ **后片的最大针数** = 后片宽 × 横密

$$= 4.8 \times 5$$

$$= 24针$$

⑦ **一只袖子的最大针数** = 后片的针数 × 系数

$$= 24 \times 0.75$$

$$= 18针$$

⑧ **加针规律**

除了在茎的左右两侧加针之外，还要在正面的最后1针前加针（反面是第1针后加针），每次加9针。这个加针规律重复3次（任何尺寸都是3次）。

接下来是每2行加针1次，只在正面加针，在茎的左右两侧，以及最后1针前加针，反面不加不减。这个规律重复到加针的最大针数（可以只看后片，只要后片的加针最大针数正确，就不会有错）。

腋下的卷加针在1针或2针都可以，也可不加。

2.卷边长裤

5cm

4.8cm

🧶 **针号：** 1.5mm

🧵 **线材：** 甲子线2根合股

🎨 **色号：** 主色8-7，辅色2-2

⭐ **难度：** ★★☆☆☆

编织步骤

从腰部开始往下圈织，织到裆部的时候分裤腿圈织。

编织裤腰部分

第一步 | 下针起针48针，将针目平均分在3根棒针上。

第二步 | 圈织1.2cm左右的平针。

第三步 | 上下对折，当前行和起始行合并织下针（形成管状）。

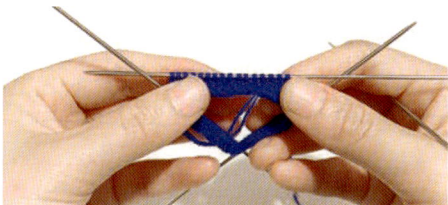

第四步 | 圈织2.5cm左右的平针。

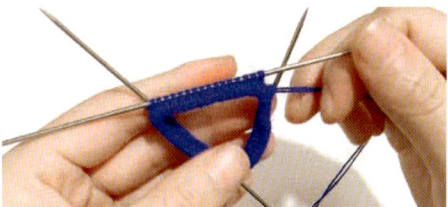

下针起针48针。

将针目平均分在3根棒针上进行圈织。

圈织1.2cm左右的平针。

和底边对折合并织下针，形成管状。

不加不减圈织2.5cm左右的平针。

编织裤腿

第五步 ｜ 将48针平均分成两份，每份各24针，先圈织1边的24针，另外一边的24针穿在废线上。

第六步 ｜ 将准备编织的24针分在3根棒针上，在裆部卷加针6针。

第七步 ｜ 不加不减织1圈下针——共30针。

第八步 ｜ 开始减针，将裆部卷加针的6针减完。（在每2圈的第1圈减针，右边用右上2并1，左边用左上2并1，其他正常织下针；第2圈不加不减织下针。）

第九步 ｜ 不加不减圈织1.8cm左右平针。

第十步 ｜ 换辅色圈织1.6cm平针，下针收针。

将裤腿分成各24进行圈织，先织一个裤腿。

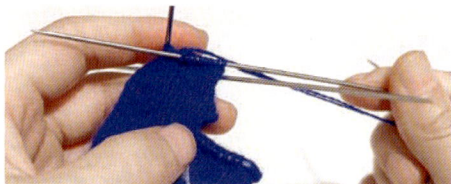

主色线织1.8cm平针。

辅色线织1.6cm平针，下针收针。

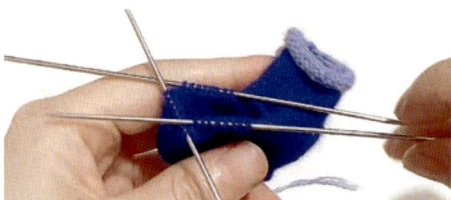

将另外一个裤腿的针目穿在3根棒针上，编织方法相同。

以腰围8cm，横密5针/cm为例。

①**起针数**=腰围×横密×系数

$$=8×5×1.2$$

$$=48针$$

②**裤腰高度**

织数行平针形成管状裤腰，平针的行数决定裤腰的高度，可自行调整。

③**裆部加针**

任何尺寸都加6针。

3. 三角头巾

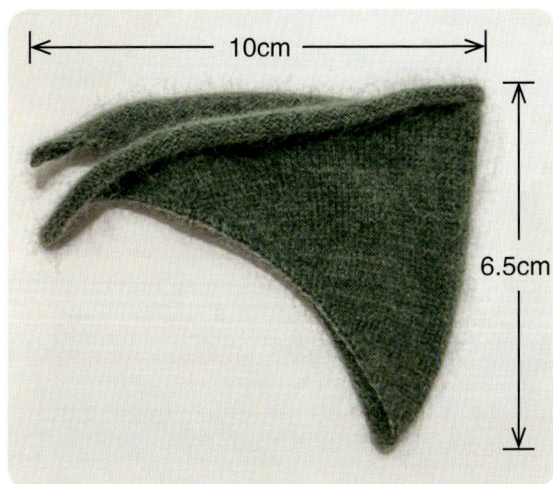

針号：1.0mm

线材：甲子线单股

色号：7-4

难度：★☆☆☆☆

编织步骤

头巾是一个等边三角形，从最宽的底边开始编织。

· 左手长尾起针156针。

· 第1行：156下。

· 第2行：正面，1下，左上2并1，织下针直到最后3针前，扭并1，1下——共154针。

· 第3行：反面，1上，上针的扭并1，织上针直到最后3针前，上针的左上2并1，1上——共152针。

· 重复第2行、第3行的减针规律，直到棒针上剩2针，将这2针织1针左上2并1，断线，收线头。

作品3

涂 涂

—— 配色参考 ——

模特：obQbaby

文艺范是这套衣服的特色。

在二十世纪七八十年代的老街上，

穿着背带裤，戴着黑框眼镜、报童帽的人，

很大概率是位艺术家。

1. 报童帽

- **针号**：1.5mm
- **线材**：甲子线 2 根合股
- **色号**：2-2
- **尺寸**：帽高 6.5cm，帽宽 9.5cm
- **难度**：★★★★☆

编织步骤

从帽檐开始编织，帽檐处需装上帽檐片后缝合底边，再继续往上编织。

第一步 | 从帽檐开始编织。

· 第1行：下针起针66针。

· 第2~7圈：将66针平分在3根棒针上圈织 6圈平针。

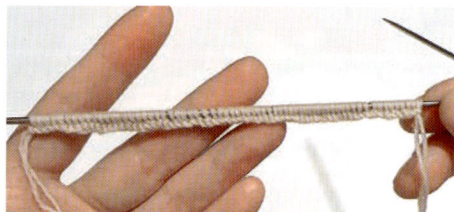

长尾起针66针。

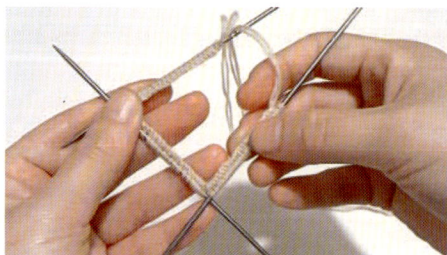

将66针平均分在3根棒针上。

不加针不减织6圈平针。

第二步 | 往返片织帽子的鸭舌部分，单数行为正面。

· 第1行：22下，左上2并1——共23针。

· 第2行：开始减针。上挑1，上针织到最后2针前，上针的左上2并1——共22针。

· 第3行：下挑1，下针织到最后2针前，左上2并1——共21针。

· 第4行：上挑1，上针织到最后2针前，上针的左上2并1——共20针。

· 第5行：下挑1，下针织到最后2针前，左上2并1——共19针。

· 第6行：上挑1，上针织到最后2针前，上针的左上2并1——共18针。

· 第7行：下挑1，下针织到最后2针前，左上2并1——共17针。

· 第8行：上挑1，上针织到最后2针前，上针的左上2并1——共16针。

· 第9行：开始加针。下挑1，15下，1下（挑起侧边的辫子），翻面——共17针。

· 第10行：上挑1，16上，1上（挑起侧边的辫子），翻面——共18针。

· 第9～14行：重复第7行、第8行的加针，重复3次——第14行共24针。

片织鸭舌部分的24针，每行的最后1针减针，直至减针至剩16针，反面结束。

正面每一行的边缘挑起1针，将针数加回到24针，反面结束。

第三步 | 圈织帽身部分。

· 第1圈：下挑1，下针织完一整圈——共66针。

· 第2~6圈：织5圈平针——每圈66针。

· 第7圈：24下（压线编织），剩下的42针和起始边合并编织平针——共66针。

· 第8圈：1下，空加针，（2下，空加针）×32，1下，空加针——共100针。

· 第9圈 碰到空加针的地方织扭下针，其他正常织下针。

第四步 | 不加不减圈织数行平针。

第五步 | 平针织到盖过头顶后开始减针，每圈减10针。

· 第1圈：（8下，左上2并1）×10——共90针。

· 第2圈：（7下，左上2并1）×10——共80针。

· 第3~8圈：根据以上规律减针，每圈减10针，编织第3~8圈，——第8圈共20针。

· 第9圈：左上2并1×10——共10针。

第六步 | 留长线断线，线头穿过10个针目，拉紧。用锁针制作帽顶结。

不加不减圈织5圈平针后，当前行和起始行合并编织。

合并底边后加到总针数100针，将这100针不加不减圈织到盖过头顶。

盖过头顶后每一圈减10针，棒针上剩10针时留长线断线。

将线头穿过棒针上的线圈，拉紧。

用锁针针法制作帽顶结。

第七步　│　**在帽沿中增加垫片。**

用厚一点的纸片制作帽檐垫片。在纸上画出帽檐的形状，剪下。

缝合帽檐处，留出一个口子，从口子塞入帽檐垫片，再将口子缝合好。

以头围15.5cm（戴假发后）为例，横密5针/cm。

①**起针数**=头围 × 横密 × 系数

　　　　=15.5×5×0.85

　　　　=66针

②**帽檐宽度**

可自行调整，本案例中织了6圈平针，形成1cm宽的帽檐。

③**帽檐最大处的针数**=总针数 ÷ 系数

　　　　　　　　=66÷2.8

　　　　　　　　=24针

④**帽檐最小处的针数**=帽檐最大处的针数 ÷ 系数

　　　　　　　　=24÷1.5

　　　　　　　　=16针

⑤**完成帽檐后再织5圈（1cm）平针，这个部分要和②帽檐宽度保持一致。**

⑥**完成帽檐后下一圈的加针数**=起针数 × 系数

　　　　　　　　　　=66×1.5

　　　　　　　　　　=99（取10的倍数，取100针。）

⑦**不加不减织平针，织到盖过头顶的位置。**

⑧**每1圈减10针，减到剩10针。**

如何计算针数

2. 长袖开衫

4cm

8cm

🖊 **针号：** 1.0mm

🧶 **线材：** 甲子线单股

◎ **色号：** 8-3

🔘 **其他配材：** 纽扣（直径4mm）

✿ **难度：** ★★★☆☆

编织步骤

取先编织领口和门襟，再接着往下编织而成。

第一步 ｜ 编织领口。左手长尾起针38针，单数行为反面。

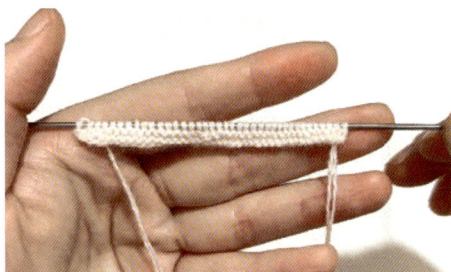

· 第1～3行：织3行起伏针。

第二步 ｜ 正面参考引返图开始引返，边引返边加针，进入到门襟部分的编织。引返完成后在门襟处留第一个扣眼，留扣眼方法：2下，空加针，左上1并1。4针门襟织起伏针。门襟处共留3个扣眼，扣眼之间距离为0.6cm左右。

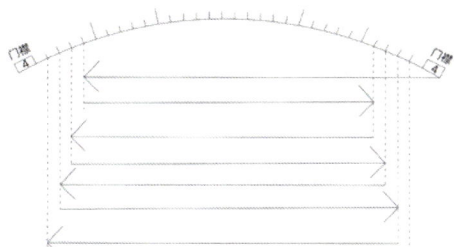

引返图

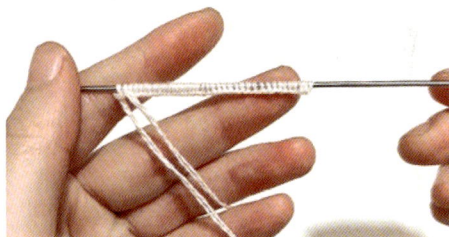

左手长尾起针38针。

织3行起伏针，反面结束。

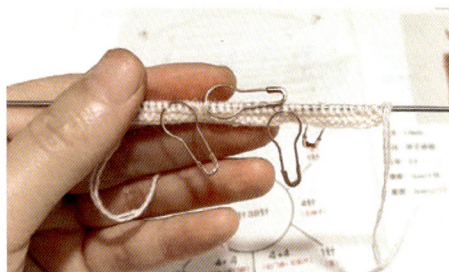

在茎的位置扣上记号扣进行引返加针。

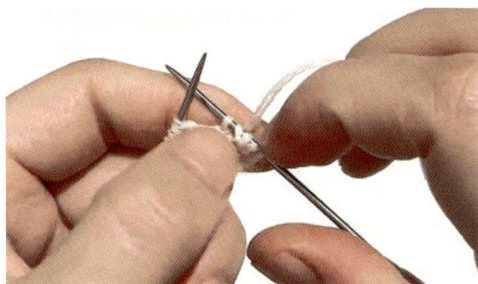

引返完成后继续加针，在正面留第1个扣眼。在下面的操作中每0.6cm左右留1个扣眼，共留3个扣眼。

第三步 | 参考育克图进行分针和加针。在每2行的正面行加针，加针位置在茎的左右两边，加针方法都用挑横渡线的左加针，每次加8针，按这个规律加到总针数为118针。

第四步 | 加完总针数后开始分袖子。从正面开始，织左前片19针，24针穿废线上（左袖子），织后片32针，24针穿废线上（右袖子），织右前片19针——共70针。

第五步 | 编织衣身。

· 不加不减片织1.2cm左右的平针（从腋下量），正面结束。（注意：左右两边的4针门襟依旧是织起伏针。）

· 织0.5cm左右的起伏针，正反面结束都可以，下针收针。

第六步 | 编织两只袖子。

· 将废线上的24针穿回到棒针上，平均分在3根棒针上进行圈织。

· 圈织1.5cm左右的平针。

· 圈织0.5cm左右的单螺纹，单螺纹收针结束。

· 用以上的方法编织另一只袖子。

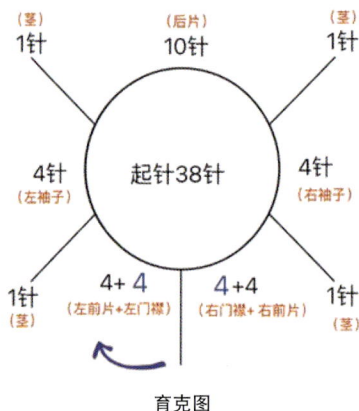

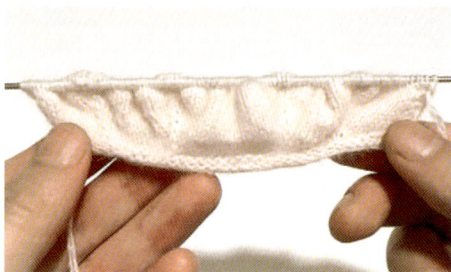

加针到总针数为118针，反面结束。

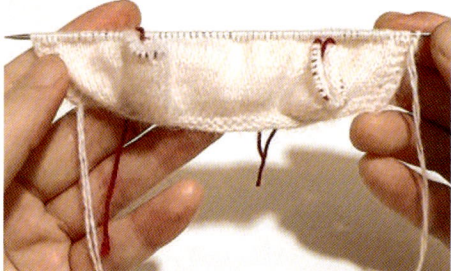

加完针后正面进行分袖。

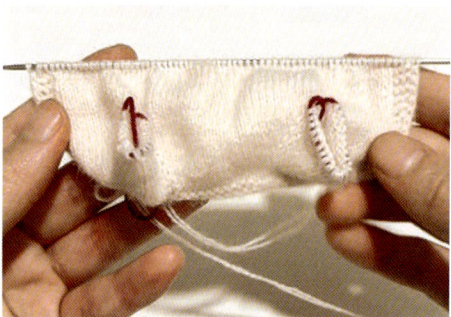

继续往下编织1.2cm左右。

织0.5cm左右的起伏针。

育克图

（茎）1针　（后片）10针　（茎）1针

4针（左袖子）　起针38针　4针（右袖子）

1针（茎）　4+4（左前片+左门襟）　4+4（右门襟+右前片）　1针（茎）

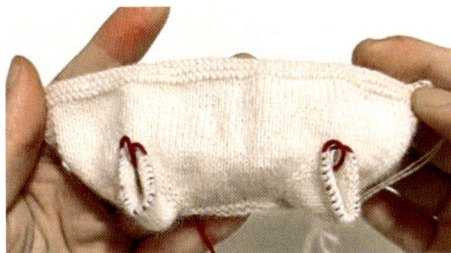

下针收针结束。

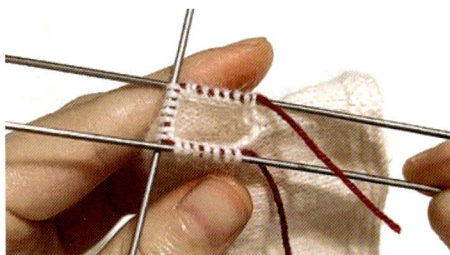

将袖子的针数穿回到棒针上，平均分在 3 根棒针上进行圈织。

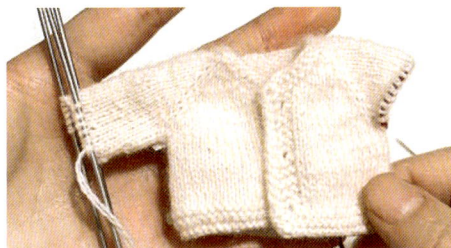

圈织 1.5cm 左右的平针。

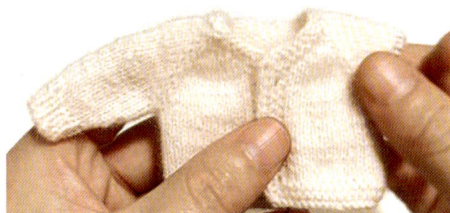

圈织 0.5cm 左右的单螺纹，单螺纹收针结束，另一只袖子编织方法相同。

第七步 ｜ 缝纽扣。

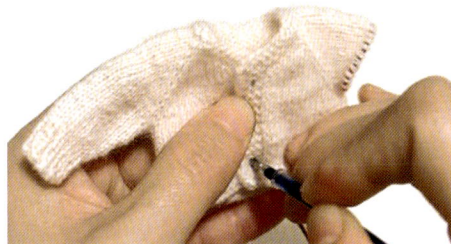

用水消笔沿着扣眼的孔洞做标记，缝上 3 枚纽扣。

以领围 5.5cm，横密 8 针/cm 为例。

①**起针数** = 领围 × 横密 × 系数

=5.5×8×0.85

=37.4（取双数 38 针）

②**领子高度**

织数行起伏针形成领子高度，高度由行数决定，可按需确定行数。

③**门襟针数**=门襟宽度 × 横密

            =0.5×8

            =4针

④**后片起针数**=（起针数－茎针数）÷ 系数

            =（38-4）÷3.4

            =10针

⑤**左右前片重叠门襟后的总起针数**=（一边的门襟针数+2针）×2

                           =（4+2）×2

                           =12针

（注意：任何尺寸都是加2针。）

左右前片不含门襟的总起针数=左右前片重叠门襟后的总针数－一边门襟的针数

                          =12-4

                          =8针

左右两边前片的起针数各4针，算上门襟的起针数就是各8针，**左右前片含门襟的总起针数**=16针。

⑤**袖子的总起针数**=起针数－茎数量－后片起针数－前片起针数

             =38-4-10-16

             =8针（每个袖子各4针）

⑥**计算引返**

引返是往前片引返4次，但不算门襟的针数。

本案例不含门襟的前片针数是4针，往前引返4次刚好4针。如果不含门襟的前片针数是6针，同样引返4次，每次各分别引返1针、1针、2针、2针（针数先小后大）。

⑦**后片的最大针数**=后片最大的宽度 × 横密

            =4×8

            =32针

⑧**袖子的最大针数**=后片的最大针数 × 系数

            =32×0.75

            =24针

⑨**一片前片的总针数（包含4针门襟）**

=（后片的最大针数+一边门襟的针数+前片比后片多的针数）÷2

=（32+4+2）÷2

=19针

3. 背带裤

4cm

5.8cm

- **针号：** 1.0mm
- **线材：** 甲子线单股
- **色号：** 5–3
- **难度：** ★ ★ ★ ☆ ☆

编织步骤

裤子从下往上编织，先分别完成两个裤腿，再合并裤腿往上织。

编织裤腿、裤腰部分

第一步 | 编织第一个裤腿。左手长尾起针34针，圈织0.7cm左右的起伏针，上针结束，完成后不加不减圈织1cm左右的平针。

左手长尾起针34针。

第二步 | 开始加针，继续编织第一个裤腿。

· 第1行：右加针1针，下针织完最后1针，左加针1针——共36针

· 第2~8行：织9圈平针。

· 第9行：右加针1针，下针织完最后1针，左加针1针——共38针。

· 第10~16行：织7圈平针。

· 第17行：右加针1针，下针织完最后1针，左加针1针——共40针。

· 第18~22行：织5圈平针。

· 第23行：右加针1针，下针织完最后1针，左加针1针——共42针。

· 第24~26行：织3圈平针。留长线（缝合裆部用）断线，不收针。至此，第一个裤腿编织完成，放一边备用。

第三步 | 用相同的方法编织另一个裤腿，注意不要断线。

第四步 |（断线处）连接两只裤腿。开始

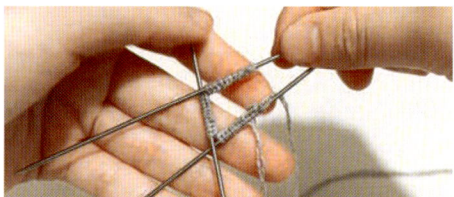

将针目平均分在3根棒针上进行圈织。

圈织0.7cm左右的起伏针。

圈织1cm左右的平针。

在裤腿内侧按规律加针到42针，断线不收针，放一边备用。相同的方法编织另一个裤腿，不断线。

编织腰部，先减针编织，再平针圈织。

· 第27行：卷加针6针，42下（裤腿1）；卷加针6针，42下（裤腿2）。

· 第28行：96下。

· 第29行：5下，左上2并1，40下，右上2并1，4下，左上2并1，40下，右上2并1（这里减针要拿裆部的1针来减）——共92针。

· 第30行：92下。

· 第31行：3下，左上2并1，40下，右上2并1，2下，左上2并1，40下，右上2并1（这里减针要拿裆部的1针来减）——共88针。

· 第32行：88下。

· 第33行：1下，左上2并1，40下，右上2并1，下，左上2并1，40下，右上2并1（这里减针要拿裆部的1针来减）——共84针。

· 第34行：84下。

· 第35~40行：织6圈平针。

连接两个裤腿，前后裆部各加出了6针。

减针往上编织腰部，按上面的文字讲解将前后裆部的6针减完。

不加不减织6圈平针。

在前片的中间位置标记出口袋的位置，织上针。

不加不减圈织1.5cm左右的平针。

对左右两侧的针目进行收针。

编织背带裤的上身部分

第五步 | 分前后片编织。将总针数分成前后片各42针，前后片的左右两侧各减7针（减针后前后片各28针）。往上编织，织下针。

先织前片，单数行为正面。

· 第1行：（下挑1，1上）×2，小燕子右减针，下针织到最后7针前，小燕子左减针，（1上，下挑1）×2——共26针。

· 第2行：（1上，1下）×2，织上针直到最后4针前，（1下，1上）×2——共26针。

· 第3~10行：重复第1到第2行的减针规律4次，共8行，反面结束——第10行减至18针。

· 第11行：（下挑1，1上）×2，织下针直到最后4针前，（1上，下挑1）×2——共18针。

· 第12行：（1上，1下）×2，织上针直到最后4针前，（1下，1上）×2——共18针。

· 第13、14行：重复第11行、第12行1次，共2行，反面结束。

· 第15行：18下（压线编织）。

· 片织0.8cm左右的平针，完成后和16行压线里面的线圈合并收针。

第六步 | 编织后片。正面入针，单数行为正面。

· 第1行：（下挑1，1上）×2，小燕子右减针，下针织到最后7针前，小燕子左减针，（1上，下挑1）×2——共26针。

· 第2行：（1上，1下）×2，织上针直到最后4针前，（1下，1上）×2——共26针。

· 第2~10行：重复第1行、第2行的减针规律4次，共8行，反面结束——第10行减至18针。

· 第11行：（下挑1，1上）×2，织下针直到最后4针前，（1上，下挑1）×2——共18针。

· 第12行：（1上，1下）×2，织上针直到最后4针前，（1下，1上）×2——共18针。

· 第13~16行：重复第11行、第12行2次，共4行，反面结束。

· 第17行：18下（压线编织）。

· 片织0.8cm左右的平针，反面结束，完成后和18行压线里面的线圈合并收针。

第七步 | 编织口袋。

· 第1行：裆部对着自己，留长线从正面挑起前片口袋处的上针辫子——共16针。

· 第2行：1上，空加针，14上，空加针，1上——18针。

· 第3行：上一行空加针的地方织扭下针，其他正常织下针。

· 将这18针片织1.3cm左右的平针，反面结束，正面下针收针，将口袋两侧边缝合在主体上。

分出前后片进行减针编织。

在前片的上针处挑出针目。

口袋片织 1.3cm 左右的平针。

将口袋的两侧边缝合到主体上。

左右两边各加出 1 针来用于缝合。

第八步 ｜ 编织背带。背带是一整根，锁针编织或者编 3 股辫都可以。长度可以用一根废线在娃娃的身上比试确定，找到合适的长度即可。

利用一根废线来确定肩带的长度。

做好背带，穿入裤子中，完成。

如何计算针数

以裤口4.2cm，横密5针/cm的裤子，直密14行/cm为例。

①**裤腿起针数** = 裤口 × 横密

$\qquad\qquad$ = 4.2 × 8 = 34针

②**裤脚边的长度可自行调整。**

③**织一段平针，这里的平针要比起伏针长一点（两三圈即可）。**

④**裤长内长的行数** = 裤长内长的长度 × 直密

$\qquad\qquad\qquad$ = 1.9 × 14

$\qquad\qquad\qquad$ = 26行

注意：量裤长内长长度要从平针上面开始量。

⑤**裤腿最大针数** = 大腿围 × 横密

$\qquad\qquad\qquad$ = 5.2 × 8

$\qquad\qquad\qquad$ = 42针

⑥**口袋针数** = 裤腿的总针数 ÷ 2.5

$\qquad\qquad$ = 42 ÷ 2.5

$\qquad\qquad$ = 16针

⑦**前后片总针数** = 裤腿最大针数 × 2 ÷ 1.5

$\qquad\qquad\qquad$ = 42 × 2 ÷ 1.5

$\qquad\qquad\qquad$ = 56针

⑧**前后片减针后的针数** = 前后片的针数 ÷ 1.55

$\qquad\qquad\qquad\qquad$ = 28 ÷ 1.55

$\qquad\qquad\qquad\qquad$ = 18针

这里的18针是前片或者后片一片的针数，前片、后片的针数相等。

作品4

懒丫

模特：Qbaby

这是一件慵懒宽松的居家连体服。

大大的版型更能体现随性的感觉。

条纹配色，慵懒中带点俏皮。

大大的口袋里可以装进小玩具！

居家连体服

19.5cm

12.5cm

✏ 针号：1.5mm

🧶 线材：甲子线2根合股

🎨 色号：深色3-8，浅色3-7

⭐ 难度：★★★★★

编织步骤

从领口开始往下编织，在分裤腿前都是片织，分裤腿后开始圈织裤腿，最后编织帽子和袖子。

编织上身

第一步 | 从领口开始编织。主色黑色4行，辅色灰色2行，交替往下编织。

· 第1行：灰色右手长尾起针44针。

· 第2、3行：不加不减织2行平针（注意，左右前片的各5针门襟一直织起伏针），反面结束。

· 第4行留第1个扣眼。留扣眼方式：2下，空加针，左上2并1，1下。（注意：下面的步骤中，门襟处每间隔1cm留一个扣眼，共5个扣眼。）

右手长尾起针44针。

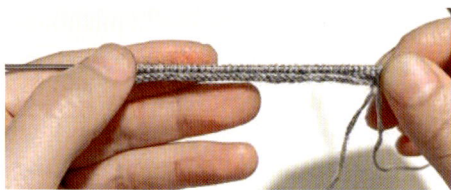

织3行平针。

第二步 ｜ 参考下方育克图分针。

第三步 ｜ 分针完成后,在茎的左右两侧用挑横渡线的左加针方法加针,每一次加8针,加到总针数为132针。每2行的正面行加针,反面不加不减。

第四步 ｜ 开始分袖并往下编织衣身部分(单数行为正面)。

·第1行:织20针(左前片+左门襟,含1针茎),废线穿过29针(左袖子,含2针茎),织34下(后片,含2针茎),废线穿过29针(右袖子,含2针茎),织20针(右前片+右门襟,含1针茎)——共74针。

·第2行:5下,64上,5下。

·第3行:5下,(2下,左加针)×32,5下——共106针。

·第4行:5下,96上,5下。

·第5行:5下,(11下,左加针)×8,8下,左加针,5下。——共115针。

·将这115针片织4.5cm左右平针,反面结束。

·重叠门襟(注意有扣眼的门襟在上),开始圈织。110下,最后5针和一开始的5针重叠编织——共110针。

·不加不减织1圈下针。

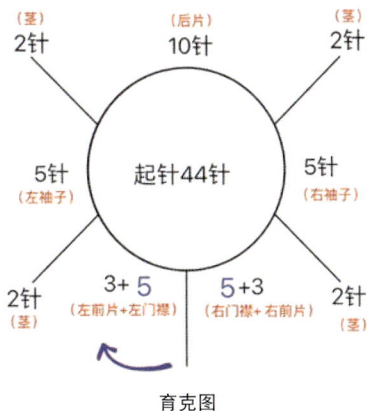

育克图

在加针处做好标记。

加针到总针数为132。

完成分袖。

织4.5cm平针。

重叠门襟(注意有扣眼的门襟在上),开始圈织,裆部卷加针的针数减完后,不加不减织1圈下针。

编织裤腿

第五步 | 分裤腿（圈织）

· 第1圈：55下，卷加针6针（裆部）——共61针。

· 第2圈：61下。

第六步 | 开始减针，对裆部卷加针6针中的第1针和紧挨着的裤腿上的1针进行减针，对裆部卷加针6针中的最后1针和紧挨着的裤腿上的1针进行减针，右边用右上2并1，左边用左上2并1，共减2针。

下1圈不加不减织下针。

重复以上的减针规律，直到裆部的6针全部减完——剩55针。

第七步 | 编织第一个裤腿，用黑色线将55针织4.5cm左右（从裆部开始量）的平针，再用灰色线织2cm左右的平针，下针收针结束。

第八步 | 编织另一个裤腿，方法相同，只是裆部无需卷加针，在第一个裤腿卷加针的位置挑出6针即可。

将总针数分成同等的两份，一份穿在废线上，一份分在3根棒针上进行圈织。

圈织4.5cm的黑色平针。

圈织2cm的灰色。

编织另一个裤腿。废线上的针目穿在棒针上，用相同的方法编织。

编织袖子

第九步 ｜ 圈织袖子，2只袖子编织方法方法相同。

· 将废线上的29针穿回到棒针上。

· 平针织4cm左右（从腋下开始量）的黑、灰色条纹，接着平针织2cm左右的灰色，下针收针结束。

袖子的针数平均分在3根棒针上进行圈织。

圈织4cm的黑色平针。

圈织2cm的灰色平针。

编织帽子

第十步 ｜ 片织帽子，单数行是正面。

· 第1行：用黑色线在领口正面处挑起34针（门襟不挑）。

（注意：下面的编织中，碰到上一行空加针的针目时要织扭上针或扭下针。）

· 第2行：（1上，空加针）×34——共68针。

· 第3行：（11下，空加针）×6，2下——共74针。

· 不加不减织5cm左右的平针，反面结束。

· 用记号扣将帽子的针数分成右30针，中14针，左30针。

用黑色主色线在领口处挑出帽子针数。

织5cm平针。

将总针数分成3份。

第十一步 | 开始减针编织帽子。

· 第1行：将右30针的最后1针和中14针的第1针减针（左上2并1），中14针的最后1针和左30的第1针减针（右上2并1），其他正常织下针。减完针后帽子的针数是：右29针，中14针，左29针。

第2~4行：织3行平针，反面结束。

· 第5行：将右29针的最后1针和中14针的第1针减针（左上2并1），中14针的最后1针和左29的第1针减针（右上2并1），其他正常织下针。减完针后帽子的针数是：右28针，中14针，左28针。

· 第6行：70上。

· 第7行：将右28针的最后1针和中14针的第1针减针（左上2并1），中14针的最后1针和左28针的第1针减针（右上2并1），其他正常织下针。减完针后帽子的针数是：右27针，中14针，左27针

· 第8行：将右27针的最后1针和中14针的第1针减针（上针的左上2并1），中14针的最后1针和左28针的第1针减针（上针的右上2并1），其他正常织上针。

减完针后帽子的针数是：右26针，中14针，左26针。

· 第9行：下针织右26针，织中13针，减1针（右上2并1），翻面。

· 第10行：上挑1，上针织中12针，减1针（上针的左上2并1），翻面。

· 第11行：下挑1，下针织中12针，减1针（右上2并1），翻面。

· 重复第10行、第11行的减针规律，直到左右两边的针目剩最后1针，收针、减针同时进行。

· 用灰色线挑出帽沿边的83针（挑3针，空1针），总针数保持单数。

· 织2cm左右的单螺纹，反面结束。棒针上的针目和挑针处的线圈进行缝合。

· 加上帽绳。用2根甲子线合股编3股辫，编到合适的长度，穿过帽檐，穿上扣子。

减到左右两边剩最后一针时，减针、收针同时进行。

用灰色线在帽檐处挑出帽檐针数。

织2cm单螺纹。

把棒针上的线圈和一开始挑针处进行缝合。

钩帽绳。

将帽绳穿进缝纫针后穿进帽檐边。

在帽绳的末端绑上纽扣。

编织口袋

第十二步 ｜ 片织2个口袋。

· 第1行：黑色线右手长尾起针19针。

· 第2行：1下，空加针，17下，空加针，1下——共21针。

（注意：下一行碰到空加针的位置织扭上针。）

· 织2.5cm左右的平针，反面结束。

· 换灰色线织1行下针，织1cm左右的上针纹路（即正面织上针，反面织下针），反面下针收针结束。

分别织完两个口袋片。

将口袋缝合在衣服的主体上。

如何计算针数

以领围10cm，门襟宽1cm，横密5针/1cm为例。

①**起针数**=（领围-门襟宽）×横密

　　　　=（10-1）×5

　　　　=45（取双数44针）

②**门襟针数**=横密×门襟宽

　　　　=5×1

　　　　=5

③**前片总针数**

起针数包括前片总针数（不含门襟）、袖子总针数、后片针数、茎的针数。前片（不含门襟）、袖子、后片的针数相同。

前片总针数（不含门襟）=（起针数-茎的总针数）÷3

　　　　　　　　=（44-8）÷3

　　　　　　　　=12针

前片左右两边共12针，袖子左右两边共12针，后片12针。

前片总针数（包含门襟）=前片总针数（不含门襟）+门襟针数

　　　　　　　　=12+5

　　　　　　　　=17

④**细化的后片、袖子针数**

左右前片共16针，剩下还有20针（总针数-茎-左右前片），给后片和袖子均分。

细化的袖子针数=细化的后片针数

　　　　　　=20÷2

　　　　　　=10

10针是袖子的总针数，左右两边各5针。

⑤**分袖前的最大针数**

分袖前前片、后片、袖子的针数是同步变多的，所有只需要算袖子的最大针数即可。

袖子最大针数=袖宽×2×横密

　　　　　=3×2×5

　　　　　=30针

分袖前袖子加针加到30针左右。

⑥ **分袖后的最大针数**

分完袖后，版型变宽，因此需要加针。

第1次需要加的针数 = （分袖后的总针数 – 左右门襟的针数）÷ 2

= （74–10）÷ 2

= 34针

第2次所需要加的针数 = 第1次加完的总针数 ÷ 12

= 106 ÷ 12

≈ 9（这里的针数要取单数）

⑦ **帽子挑针数** = 起针数 – 左右门襟

= 44–10

= 34针

⑧ **帽子最大针数** = 头围 × 横密

= 15 × 5

= 75针（取双数74针）

娃娃的头部比例大，如果加针到可以戴上的针数，会使整件衣服看上去不协调，为了配合衣服的比例，选择织小一点，将帽子当作衣服的装饰来用。

⑨ **帽子中间的针数** = 帽子最大针数 ÷ 系数

= 74 ÷ 5

= 14.8（取双数14针）

整个帽子分成左、中、右3份，左右的针数一样，只需要计算出中间的针数，即可得出左右的针数。

作品5

时 也

素体模特：小铃铛12分
娃头模特：胖楠ob软陶头

喂！你是森林里的小精灵吗？

是也！

1. 护耳流苏帽

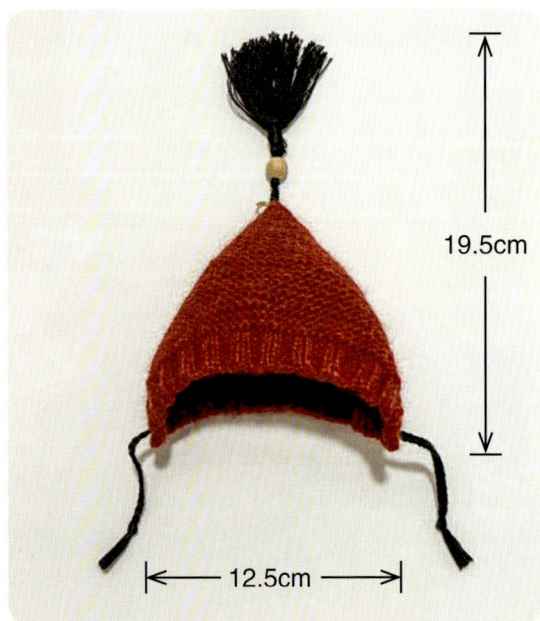

19.5cm

12.5cm

- 🖊 **针号**：1.5mm
- 🧵 **线材**：2根甲子线合股（帽子主体）、林下线（帽绳与流苏）
- ⊙ **色号**：4-2（帽子主体）、黑色（帽绳与流苏）
- 🖊 **木珠直径**：6cm
- ⊙ **开口环直径**：5cm
- ⭐ **难度**：★ ☆ ☆ ☆ ☆

编织步骤

整个帽子是从帽沿开始往上片织，最后在帽顶处进行缝合，过程中没有加针减针。

· 单螺纹起针58针，再转换成双螺纹。

· 片织1cm左右的双螺纹。

· 片织5.5cm左右的起伏针。

· 将针目平均分在两根棒针上，每根棒针上各31针，反面相对，正面朝外，进行缝合。

· 将制作帽绳的林下线6根合成一股，再编3股辫，一根三股辫共18根线。

单螺纹起针58针。

转换成双螺纹。

织 1cm 双螺纹。

织 5.5cm 起伏针。

将针目平均分在两根棒针上。

用缝针缝合。

锁针钩出帽绳，穿进帽子底部。

最后制作流苏并固定在帽子顶端。

如何计算针数

以给上图娃娃做帽子为例，戴上假发，从左耳到右耳量出头围为 12cm，横密为 5 针/cm。

①**起针数**＝头围 × 横密

　　　　＝12×5

　　　　＝60

注意：这里的起针数需要是 4 的倍数再加 2 针，60 刚好是 4 的倍数，那么再加 2 针即可，起针数为 62 针。

②**帽沿的宽度**

可自行调节。

③**帽子的深度**

边织边在头上比一下，盖过头顶后再织 0.5cm 左右即可。

2. 系带无袖马甲

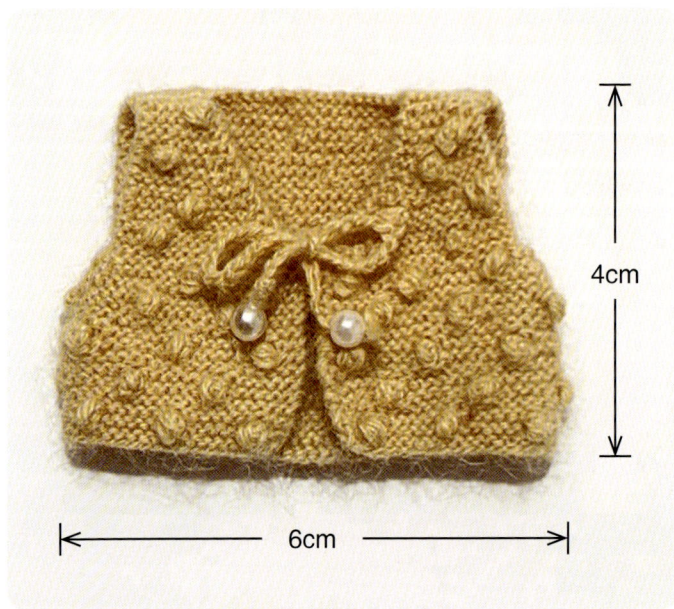

- ✏️ **针号**：1.0mm
- 🧵 **线材**：甲子线单股
- 👁️ **色号**：8-1
- ✏️ **珍珠直径**：4mm
- ⭐ **难度**：★★☆☆☆

4cm

6cm

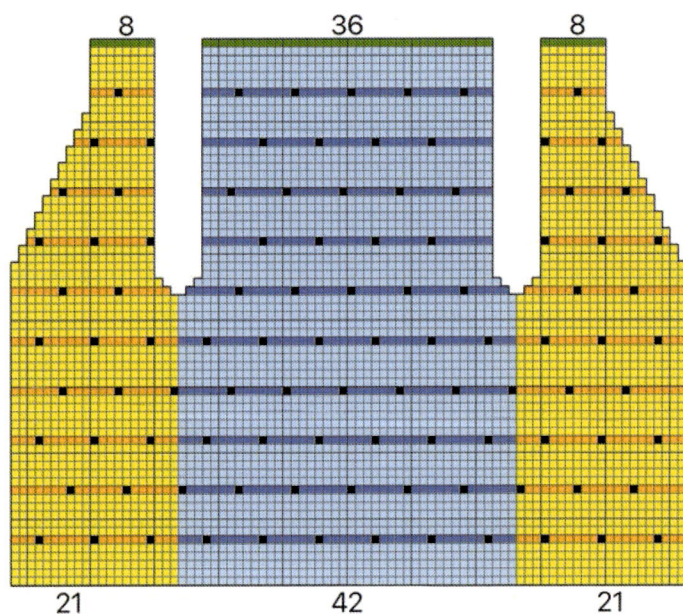

分针像素图

编织步骤

从底边开始往上片织，通体用起伏针，在起伏针的中间穿插豆豆针，最后在门襟处制作绑带。

第一步 | 左手长尾起针84针，左右前片各21针，后片42针。编织5行起伏针。单数行是反面。

第二步 | 第6行开始织入豆豆针，参考左页分针像素图，每6行相隔6针织豆豆针。不加不减一直编织到腋下。

第三步 | 左右前片的腋下减针，留1针边针；领口处减针留2针边针。右边减针用右上2并1，左边减针用左上2并1。左右前片减完针后肩部剩8针，后片减完针后剩36针。

第四步 | 将后片左右两边各取8针，和左右前片的8针进行缝合。

第五步 | 在左右门襟处各钩5cm长的锁针，穿上珍珠固定。

长尾起针84针。

织5行起伏针。

织5组豆豆针。

分别完成前后片的减针。

在肩部将前片和后片进行缝合。

用钩针钩出门襟处的绑带。

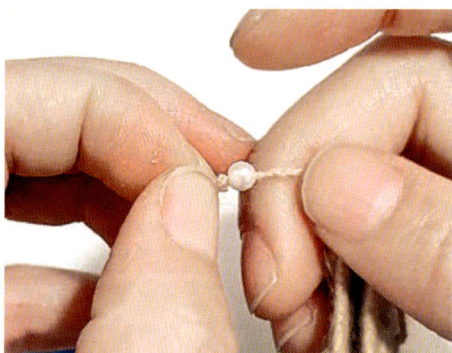

在绑带的末端穿上珠子。

以前、后片宽10.5cm，横密8针/cm为例。

①**起针数**=前、后片宽 × 横密

　　　　=10.5×8

　　　　=84针

将起针数分成3份：左前片、右前片、后片。左前片、右前片针数相等，后片针数=左前片、右前片针数的总和。因此，左前片针数=右前片针数，为21针，后片针数为42针。

②**腋下的减针数**=腋下的宽度 × 横密

　　　　　　　=0.8×8

　　　　　　　=6针

这6针是包括前片的3针和后片一侧的3针。

③**领口的减针数**

一侧的肩膀针数=1×8

　　　　　　=8针

因此，按照每2行减1针的规律减到剩8针即可。

3. 娃娃领连衣裙

7.5cm

7cm

- 🖊 **针号：** 1.0mm
- 🧵 **线材：** 2根林下线合股
- ◎ **色号：** 米色
- 🔘 **其他配件：** 两眼纽扣（直径4.0mm）
- ⭐ **难度：** ★★★☆☆

编织步骤

从领口开始往下加针，加够针数后分袖，先进行裙身的编织，完成后再织袖子，最后在领口处挑出针目织领子。

第一步 | 从领口开始编织育克部分。

· 第1行：左手长尾起针30针，双数行为反面。

· 第2~5行：片织4行平针，正面结束。

· 第6行：反面，织1行下针。

· 第7~10行：织4行平针。

· 第11行：将棒针上的30针和起针边的30针进行合并，卷加针4针。

· 第12行：4下，30上，卷加针4针——共38针。

注意：左右门襟各4针，一直织起伏针。

· 第13行：参考引返图开始引返，参考育克图进行分针、加针。

注意：引返的时候是要边引返边加针。

长尾起针30针。

织4行平针，1行下针，4行平针。

将棒针上的针目和起始边的线圈合并。

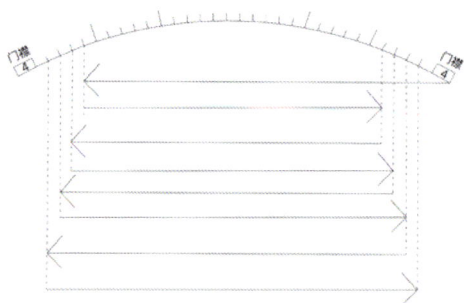

引返图

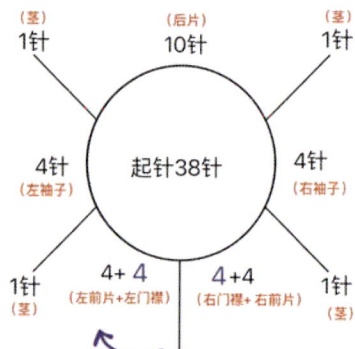

育克图

· 每2行加针1次，在每2行的正面行加针，加针位置在4针茎的左右两边，加针方法用挑横渡线的左加针法，每次加8针，按照这个规律加到总针数为118针。

· 左右前片的4针门襟一直织起伏针，门襟处共留2个扣眼，第1个扣眼在门襟编织0.2cm左右的地方，第2个扣眼在第1个扣眼下的0.5cm左右处。留扣眼的方法：2下，空加针，左上1并1。

在加针处做好标记，开始引返。

边引返边加针。

加针到总针数为118针。

第二步 ｜ 分袖子，单数行是正面。

· 第1行：织左前片19针（含1针茎），废线穿入24针（左袖子，不含茎），织后片32针（含2针茎），废线穿入24针（右袖子，不含茎），织右前片19针（含1针茎）——共70针。

第2~8行：织7行平针，反面开始，反面结束。

注意：左右两边的4针门襟依旧是织起伏针。

分袖完成。

织7行平针。

·第9行：圈织，66下，最后的4针和一开始的4针进行合并，注意有扣眼的那一片在上面——共66针。

·第10行：（1下，扭加针）×33——共99针。

·将这99针圈织4cm左右的平针。

·压线编织1圈下针。

·织4圈平针、1圈上针、4圈平针。

·把线圈上的针目和压线编织的那一圈反面的针目进行合并，收针。

合并门襟开始圈织。

织4cm平针。

压线编织。

织4圈平针，1圈上针，4圈平针。

将棒针上的线圈和压线编织的线圈进行合并，收针。

第三步 | 编织2只袖子。

· 将废线上的24针穿回到棒针上，平均分在3根棒针上进行圈织。

· 织2.2cm左右的平针，下针收针结束。

· 编织另一只袖子，方法相同。

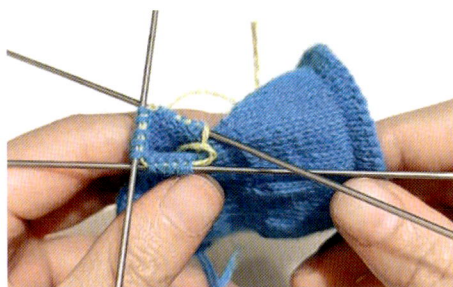

将袖子上的针目平均分在3根棒针上。

圈织2.2cm的平针，下针收针。

第四步 | 编织领子。

从领口反面入针，挑起领座的上针处的辫子，穿入棒针。

· 第1行：（1下，空加针）×30——共60针。

· 织1cm左右的平针，反面结束，注意碰到上一行的空加针时要织扭上针。

· 织0.5cm左右的起伏针，反面结束。

在领口处挑出针目。

织1cm平针。

织0.5cm起伏针。

· 织0.5cm左右的起伏针，反面结束，用狗牙边针法收针。

· 装订纽扣。

用狗牙针收针。

装订纽扣。

以领围为3.8cm，横密8针/cm为例。

①**起针数** = 领围 × 横密

　　　　= 3.8 × 8

　　　　= 30

注意：这里，领围长度不包含门襟，因此起针数也不包括门襟的针数。

②**领座高度**

领座以重复几行平针、1行上针、几行平针的规律组成，平针的行数决定领座的高度。

③**门襟针数** = 门襟宽度 × 横密

　　　　　　= 0.5cm × 8针

　　　　　　= 4针

④**后片的总针数** = （连门襟的总针数 – 茎）÷ 系数

　　　　　　　　= （38 – 4）÷ 3.4

　　　　　　　　= 10针

（注意：织完领座后左右两边要各加出4针，所以连门襟的总针数是38针。）

⑤**前片重叠门襟后的总针数** = 后片的针数 + 2

　　　　　　　　　　　　　= 10 + 2

　　　　　　　　　　　　　= 12针

（注意：任何尺寸前片重叠门襟后的总针数都是比后片的针数多2针。）

⑥ **前片不含门襟的总针数**=前片重叠门襟后的总针数－一边门襟的针数

$$=12-4$$

$$=8针$$

左右前片的针数各4针，算上门襟的针数4针就是各8针。

前片含门襟的总针数=16针

⑦ **两个袖子的总针数**=起针数－茎－后片－前片

$$=38-4-10-16$$

$$=8针（每个袖子各4针）$$

⑧ **引返次数**

引返是往前片引返4次，但不算门襟的针数。本案例不含门襟的前片针数是4针，因此是每次引返1针，共引返4次，共4针。假设不含门襟的前片针数是6针，同样引返4次，则是以1针、1针、2针、2针这样的规律（针数先小后大）引返。

⑨ **后片的最大针数**

拿出娃平时穿的衣服，量出后片最大的宽度为4cm。

后片最大针数=后片最大的宽度×横密

$$=4\times 8$$

$$=32$$

⑩ **1只袖子的最大针数**

一只袖子的最大针数=后片的最大针数×系数

$$=32\times 0.75$$

$$=24针$$

⑪ **分袖后的平针长度**

织完一段平针后的长度是在胸下的位置，可自行调整

⑫ **合并门襟后的加针数**=合并门襟后的总针数÷2

$$=66\div 2$$

$$=33针$$

下一圈中需平均加出33针，总针数是99针。

⑬ **领子挑起的针数**=起针数

$$=30针$$

⑭ **领子的加针数**=领子挑起的针数

$$=30$$

领子需要再加出来30针，因此领子的总针数是60针。

萝卜包被

—— 配色参考 ——

模特：obQbaby

小时候最喜欢躲进被子里面，
被被子包裹着真是太有安全感了。
这位小朋友好像也很舒服的样子呢！
躲在包被出门就不用担心蹭花妆容啦。

萝卜包被

19.5cm

10.5cm

- 🖊 **针号:** 2.5mm
- 🧶 **线材:** 甲子线4根合股
- 🎨 **色号:** 亮甲子D（主体）、7-5（叶子）、纯白（豆豆）
- 🔘 **纽扣直径:** 15mm
- ⭐ **难度:** ★★★☆☆

编织步骤

包被的主体由一片后片、两片前片分别编织完成后缝组成，最后圈织两片叶子缝合在主体上。

第一步 | 编织后片。从底部尖处开始片织，单数行为反面。注意正面空加针的针目，到反面时要织扭上针。

· 第1行：左手长尾起针，4上——共4针。

· 第2行：1下，空加针，织下针直到最后1针前，空加针，1下——共6针。

· 第3行：6上——共6针。

· 第4～11行：重复第2行、第3行的加针规律，重复4次，共8行，反面结束——第11行为14针。

· 第12行：1下，空加针，织下针直到最后1针前，空加针，1针——共16针。

· 第13～15行：织3行平针，反面结束。（在第9行的第1针和最后1针做好标记，缝合时会用到。）

· 第16～51行：重复第12～15行的加针规律9次，共36行，反面结束——第51行为34针。

· 第52～67行：织16行平针，反面结束。

· 第68行：1下，右上2并1，织下针直到最后3针前，左上2并1，1下——共32针。

· 第69行：织1行上针。

· 第70～79行：重复第68行、第69行的减针规律5次，共10行——第79行为22针。

· 第80行：反面织1上，上针的左上2并1，织上针直到最后3针前，上针的左上2并1，1上——共20针。

· 正面下针收针结束。

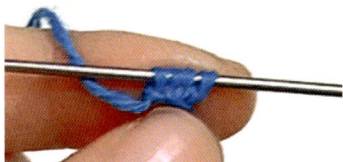

长尾起针4针。

加针至34针。

织16行平针。

减针至20针，收针。

第二步 | 编织前片的上半部分。

· 单螺纹起针38针。

· 第1行：将单螺纹转换成双螺纹（具体方法见本书42页）。

· 第2～6行：织5行双螺纹——每行38针。

· 第7～14行：织8行平针，正面下针开始，反面上针结束——每行38针。

· 第15行：1下，右上2并1，织下针直到最后3针前，左上2并1，1下，减2针——共36针。

· 第16行：织1行上针——共36针。

· 第17～26行：重复第15、第16行的减针规律5次，共10行——第26行为26针。

· 第27行：1上，上针的左上2并1，织上针直到最后3针前，上针的左上2并1，1上——共24针。

· 正面下针收针结束。

第三步 | 在织片上制作豆豆。

第四步 | 编织前片的下半部分。左手长尾起针8针。单数行为反面。

· 第1行：织1行上针。

· 第2行：1下，空加针，织下针直到最后1针前，空加针，1下——共10针。

· 第3行：织1行上针——共10针。

· 第4～11行：重复第2行、3行的加针规律4次，共8行——第11行为18针。

· 第12行：1下，空加针，织下针直到最后1针前，空加针，1针——共20针。

· 第13～15行：织3行平针，反面结束——每行20针。

· 第16～51行：第12～15的加针规律9次，共36行——第15行为38针。

· 第52～59行：织8行平针，反面结束，正面下针收针。

完成前片的上片和下片。

在前片的上片和下片上钩出豆豆。

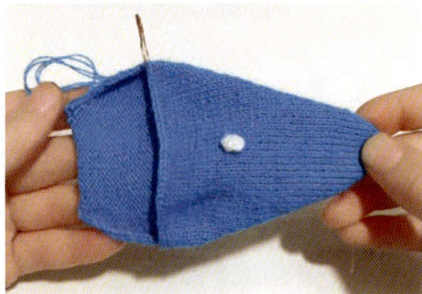

将后片和前片下片反面相对，进行缝合。

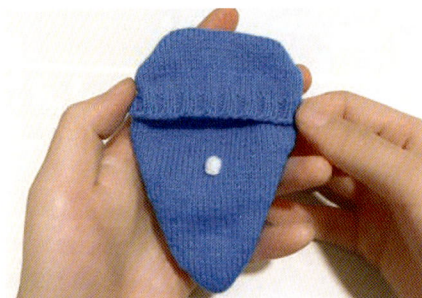

前片和上片缝合完成。

第五步 | 编织大叶子（圈织），从下面细的一头开始编织。

· 第1圈：左手长尾起针6针，将针目平均分在3根棒针上进行圈织。

· 第2圈、3圈：织2圈下针。

· 第4圈：（2下，扭加针）×2——共8针。

· 第5圈、6圈：织2圈下针。

· 第7圈：（3下，扭加针）×2——共10针

· 第8圈、第9圈：织2圈下针。

· 第10圈：（4下，扭加针）×2——共12针。

· 第11圈、第12圈：织2圈下针。

· 第13圈：（5下，扭加针）×2——共14针。

· 第14圈、第15圈：织2圈下针。

· 不加不减圈织平针，直到整个叶子长为5cm左右。

· 将14针平均分在2根棒针上进行无缝缝合。

第六步 | 编织小叶子，从下面细的一头开始编织。

· 第1圈：左手长尾起针6针，将针目平均分在3根棒针上进行圈织。

· 第2圈、第3圈：织2圈下针。

· 第4圈：（2下，扭加针）×2——共8针。

· 第5圈、第6圈：织2圈下针。

· 第7圈：（3下，扭加针）×2——共10针。

· 第8圈、第9圈：织2圈下针。

· 第10圈：（4下，扭加针）×2——共12针。

· 第11圈、第12圈：织2圈下针。

· 不加不减圈织平针，直到整个叶子为3.5cm左右。

· 将12针平均分在2根棒针上进行无缝缝合。

缝合叶子。

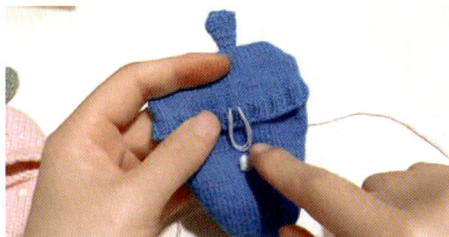

制作扣眼。

（1）包被的后片

以为身高13cm的娃娃做包被，横密5行/cm为例。起针数在1~5针之间都可以，我们以4针为例。

① **包被的总长度**＝身高 ÷ 系数

　　　　　　　　＝13÷0.8

　　　　　　　　＝16.25cm（取整数16cm）

② **包被的行数**＝横密 × 包被的总长度

　　　　　　　　＝5×16

　　　　　　　　＝80行

从底部尖端起始，将80行分成4份。

· 第1份，每2行加2针

第1份的行数＝总行数 ÷ 系数

　　　　　　　＝80÷6

　　　　　　　＝13行（取整数）

已知起针为1行，起针后反面不加不减为1行，剩下11行。因为每2行加针，行数不能是单数，所以把11行改为10行。在这10行加针，一共加10针，起针4针，得出第一部分最后一行的总针数为14针。

注意：这里先算行数再算针数，针数跟着行数走。

· 第2份，每4行加2针

第2份的行数＝总行数的一半

　　　　　　　＝80÷2

　　　　　　　＝40行

在这40行里面加针，按照每4行加2针，要加出20针，得出，第2份的总针数为34针。

· 第3份，不加不减

第3份的行数＝总行数的1/5

　　　　　　　＝80÷5

　　　　　　　＝16行

将34针不加不减织16行，反面结束。

· **第 4 份，每 2 行减 2 针**

第 4 份的行数 = 总行数的 1 ／ 6.5

$$= 80 \div 6.5$$

$$= 12 行$$

要在这 12 行里面减针，按照每 2 行减 2 针，共减掉 12 针，第 4 份最后一行的总针数为 22 针。

（2）包被的前片

前片分成上半部分和下半部分两个部分。

①下半部分

· 下半部分的起针数比后片多 4 针（任何尺寸都是多 4 针），为 8 针。

· 下半部分的行数织到后片第 3 行不加不减的中间，后片不加不减的行数共 16 行，下片织到不加不减 8 行的位置。

· 加针的位置、规律和后片是一样的，行数也是一样的，但因为下半部分的起针数是 8 针，最后的总针数是 38 针。

②上半部分

上半部分的起针数是下半部分的最后一行的总针数，完成双螺纹部分后先织 8 行平针（前片不加不减的平针是 16 行，下半部分是 8 行，上半部分也是 8 行）。

（3）叶子

①起针数

大小叶子的起针数都一样，最大针数也一样，只是行数不同。先确定两片叶子平铺的宽度是 2cm，横密 3 针/cm。

大小叶子起针数 = 2cm × 3 针

$$= 6 针$$

②不加不减织 2 圈下针，任何尺寸都一样。

③开始加针，加针到自己想要的叶子的宽度，例如想要的宽度是 2.3cm，那一圈就是 4.6cm，横密 3 针/cm（即 1cm 是 3 针），4.6cm 就是 14 针。按照每 4 行加 2 针的规律加到总针数为 14 针。

④加完后不加不减往上织平针，织到想要叶子的长度即可。

作品 7

桃气满满

—— 配色参考 ——

模特：Qbaby

这款套装是以水蜜桃为主题，
虽然是毛线的材质，但是由于款式和颜色的原因，
给人一种凉爽香甜的感觉，穿上后整个娃娃瞬间更可爱了！

1. 上衣

6.5cm

13cm

🧵 **针号：** 1.5mm

🧶 **线材：** 甲子线两股

🎨 **色号：** 2（主体）、3-7（袖子）

⭐ **难度：** ★★★☆☆

编织步骤

从领口开始往下编织，加针到设定的针数后将袖子分出，继续编织衣身部分，完成后编织袖子。

第一步 │ 从领口开始编织。

· 白色线单螺纹起针36针。

· 领口织0.5cm左右的单螺纹。左右后片的4针门襟织起伏针，织0.5cm后留第一个扣眼，第2、3个扣眼间隔0.8cm。

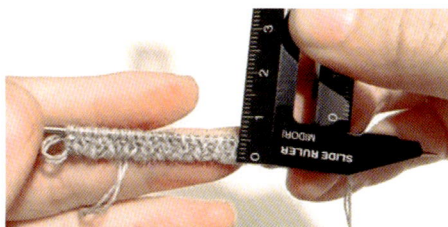

单螺纹起针36针，织0.5cm。

第二步 │ 参考引返图开始引返，引返的时候不加针，袖子换色。

第三步 │ 引返完成后正面参考育克图分针、加针。

· 每2行的正面行在茎的左右两侧各加1针，一次共加8针；反面行不加不减。正面行最后一行针数为108针。

在加针点上做好标记开始引返。

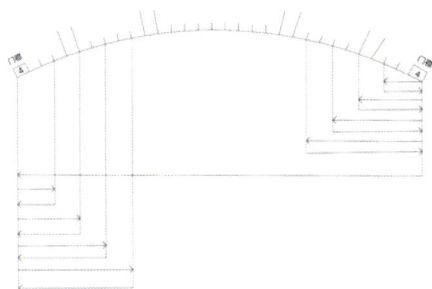

引返图

引返完成。

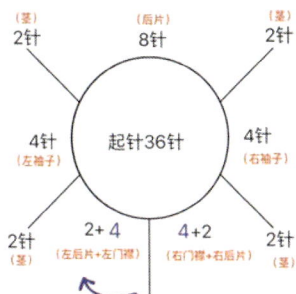

育克图

加到总针数108针。

第四步 | 分袖

· 16下（左后片），废线穿入24针（袖子），卷加5针（腋下），28下（前片），废线穿入24针（袖子），卷加5针（腋下），12下（右后片），剩下的4针门襟和左后片的门襟重叠，开始圈织——共66针。

· 将这66针织3.5cm左右平针（这里是衣身的长度，可自行调整）

· 织0.5cm左右的单螺纹针，单螺纹收针结束。

分袖，合并门襟。

织3.5cm平针。

织0.5cm单螺纹，收针。

第五步 | 编织2只袖子

· 将废线上袖子的24针穿回到棒针，并均分在3根棒针上，腋下挑出5针，共29针进行圈织，不加不减织2cm左右的平针（使袖子的长度到手腕处）。

· 织1圈：2下，左上2并1，（4下，左上2并1）×4，1下——24针。

· 将这24针不加不减织1cm左右的单螺纹，收针结束。

将袖子的针目平均分在3根棒针上进行圈织。

织2cm平针。

织1cm单螺纹，收针。

在后背开口处做标记缝纽扣。

以领围8cm、门襟宽0.8cm、横密5针/cm为例。

①**起针数**=（领围−门襟宽）× 横密

          =（8−0.8）×5

          =36针

②**门襟针数**=横密 × 门襟宽

            =5×0.8

            =4针

③**分针**

前片、后片、左右袖子的针数=（起针数−茎的总针数）÷3

                               =（36−8）÷3

                               =9.3针（取双数8针）

前片为8针。单个袖子为4针。

后片分左右两片，后片单片的针数（含门襟）

=（后片总针数+一边门襟）÷2

=（8+4）÷2

=6针

如何计算针数

2. 高腰背带短裤

11cm

9cm

🧵 **针号：** 1.5mm

🧶 **线材：** 2根甲子线合股

🎨 **色号：** 4-5（主色粉色），5-2（辅色绿色）

⭐ **难度：** ★★★☆☆

编织步骤

从腰部开始往下编织，然后分别完成前后、片后，然后将前后片在裆部缝合，最后挑出裤腿边编织。

第一步 | 从腰部开始圈织。

· 蓝色线单螺纹起针62针，将62针平均分在3根棒针上进行圈织。

· 不加不减圈织2cm左右（腰部的长度）的单螺纹。

· 换主色线织1圈下针。

· 织1圈：（2下，左加针，1下，左加针）×20，2下——共102针。

· 将102针不加不减圈织2.5cm左右的平针（穿上后刚好在大腿根部的长度）。

辅色单螺纹起针62针，平均分在3根棒针上进行圈织。

织2cm单螺纹。

换主色织2.5cm平针。

第二步 | 接下来开始如右图分前后片，按照箭头方向从左侧边平收开始编织。先编织前片。

· 第1行：平收22针，41下，平收22针，17下——共102针。

· 第2行：17上（接下来先只织前片，后片留在棒针上先不管）。

· 第3行：右上2并1，13下，左上2并1——共15针。

· 第4行：15上——共15针。

第5～16行：重复第3行、第4行的规律（单数行起始用右上2并1的针法减1针，中间上针，结束用左上2并1的针法减1针；双数行上针），重复6次，共12行。第16行3上。断线，并将这3针线用记号扣穿起来。

分片织完成前片。

第三步 | 编织后片。对前后片进行缝合。

· 第1行：从正面开始重新接入线，右上2并1，37下，左上2并1——共39针。

· 第2行：反面，左上2并1，35上，左上2并1——共37针。

第3～18行：重复第1行、第2行的减针规律——第18行剩5针。

· 第19行：正面，左上2并1，1上，左上2并1——共3针。

· 第20行：反面织1行上针，断线。

· 将前后片的3针正面相对，反面朝外，进行缝合。

分片织完成后片。

缝合裆部。

第四步 | 编织2个裤腿。

· 织物正面对着自己，沿着裤腿一圈，挑出62针（所有针都挑出），如果挑出来的针数不到62针，相差几针也没有关系，但要保证总针数是双数。

· 织0.7cm左右的空心针。

· 空心针收针结束。

挑出裤腿的针数。

圈织0.7cm空心针，收针。

第五步 | 编织肩带。

用钩针编织肩带，边钩边比试下，达到需要的长度即可。

钩针钩出肩带。

以腰围 11cm，横密 5 针/cm 为例。

① **裤腰起针数**＝腰围 × 横密 ÷ 系数

=11×5÷0.9

=62 针（取整数）

② **换色后的加针数**＝裤腰起针数 ÷ 系数

=62÷1.55

=40 针

换色后的总针数为 102 针。

③ **分前后片的针数**

后片的针数＝换色后的总针数 × 系数

=102×0.4

=40.8 针（取整数 41 针）

侧边平收的针数＝换色后的总针数 × 系数

=102×0.44

=44.88（取整数 45 针）

前片的针数＝换色后的总针数 − 后片的针数 − 侧边平收的针数

=102−41−45

=16 针

3. 桃形护耳帽

12cm

12cm

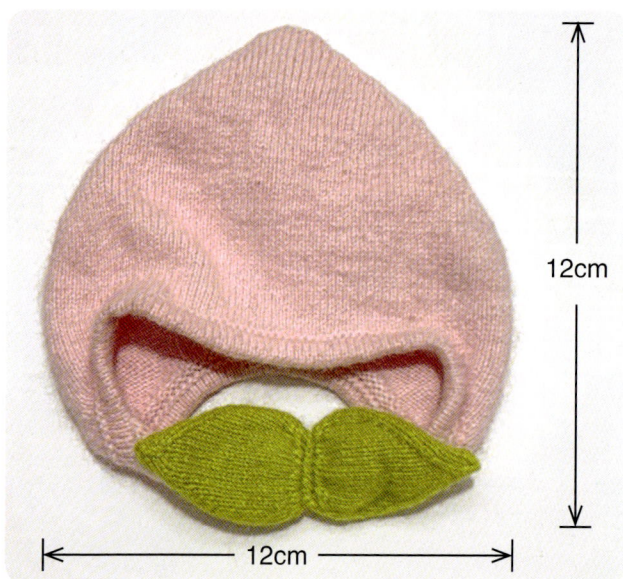

- ✏️ **针号**：1.5mm
- 🧶 **线材**：2根甲子线合股
- 🎨 **色号**：5-2（帽子主体）、4-5（叶子装饰）
- ⭐ **难易度**：★★☆☆☆

编织步骤

从护耳开始往上编织，通过2次减针制造桃子的形状。

编织帽子主体

第一步 | 起针，开始编织帽沿。

· 长尾起针130针，将针目平均分在3根棒针上进行圈织。

· 圈织1.8cm左右的平针。

第二步 | 织片上下对折，反面相对，棒针上的当前行和起始行合并织130下，形成帽沿。

· 合并完后织1圈上针。

长尾起针130针，平均分在3根棒针上进行圈织。

织1.8cm平针。

织片上下对折，棒针上的当前行和起始行合并编织。

第三步 | 接下来参考分针图，引返编织护耳部分。

· 从左后脑与右后脑的交接点开始，往左护耳方向编织，以左护耳部分的中间6针为基础，往左右两边1针1针地引返14次。

· 织过前额，再织右护耳，同样以右护耳的中间6针为基础，往左右两边1针1针地引返14次。

· 完成引返后不加不圈减织3cm左右平针。

第四步 | 第1次减针。将总针数分成前后两片各65针。两片的65针每2圈减针1次，在第1圈的左右两端减针，右边用右上2并1，左边用左上2并1，第2圈不加不减织平针。重复减针，直到这一段的高度为3.6cm左右。

第五步 | 第2次减针。与第1次减针一样，在左右两端减针，右边用右上2并1，左边用左上2并1，但这次是每行都减针。重复减针，直到这段的高度为1.9cm左右。

· 最后总针数在10针左右就可以断线了，将线头穿过线圈，拉紧。

引返护耳部分。

织3cm平针。

减针至8针，收针。

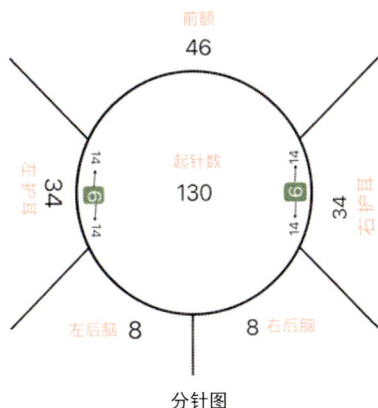

前额
46

左护耳 34

起针数
130

6 14
14

右护耳 34

6 14
14

左后脑 8   8 右后脑

分针图

如何计算针数

量出娃娃的头围（戴假发量）和头高（头顶到下巴的高度），以头围18.5cm，头高6cm，横密5针/cm为例。头高就是整个帽子除去帽沿的高度。

① **起针数** =18.5×5

=92针（针数取双数）

② **分针**

两只护耳的总针数 =起针数÷系数

=92÷1.9

=48（取双数）

1只护耳的针数 =48÷2

=24

前额部分的针数 =起针数÷系数

=92÷2.8

=32（取双数）

后脑部分的总针数 =起针数−2只护耳总针数−前额针数

=92−48−32

=12针

护耳中间的针数 =1只护耳的针数÷系数

=12÷4

=3针

③ **引返的次数** =1只护耳的总针数−1只护耳中间的针数

④ **引返完后不加不减的高度** =帽子的高度÷系数

=6÷2.7

=2.2cm

3.5cm

8cm

编织叶子装饰

　　叶子是分开编织的左右两片缝合在一起完成的，每片叶子从底部开始往叶尖编织。2片叶子的编织方法相同 。

第一步 ｜ 编织叶子的底部。

左手长尾起针10针（起针数决定叶子底部的宽度）。

· 第1行：10上（其他尺寸起完针也要先织1行上针。）

· 第2行：1下，扭加针×8，1下——共18针。（其他尺寸也是在第1针后和最后1针前的中间针数织扭加针。）

· 第3行：18上（其他尺寸加完针后也需要织1行上针。）

第二步 ｜ 根据以下规律开始加针。每2行加针1次，在第1行的正面加针，反面不加不减织上针。加针的位置是在第1针后的2针和最后1针前的2针，加针方法用扭加针，1次加4针。

· 第4行、第5行：重复加针，第5行总针数为26针，反面结束（这里是叶子最宽的位置）。

第三步 ｜ 完成后织6行平针（平针的行数取决于叶子的长短），反面结束。

长尾起针6针。

加针至18针。

织6行平针。

第四步 | 正面开始如下规律减针。每2行减1次，减针在第1行的正面行减，反面不加不减织上针，减针位置在前3针后和最后3针前，右边用右上2并1，左边用左上2并1，1次减4针。

· 重复到总针数为8针，反面结束。

· 8针的总针数不够在正面减2针，就减1针即可，反面同样不加不减织上针。

· 最后1次减针：左上2并1，中上3并1，右上2并1——剩3针。

第五步 | 断线，穿过3个针目，拉紧。将两片叶子的底部相对进行缝合。

减针至3针。

完成同等的两片叶子。

进行缝合。

连接帽子主体和叶子装饰

第六步 | 在护耳的下方中间位置挑起11针织平针制作绑带，织够2.5cm左右的平针即可，反面结束，正面下针收针。

挑出护耳中间的针目。

织2.5cm平针。

第七步 ｜ 将叶子缝在绑带上。

将叶子缝在绑带上。 在绑带里面装上子母扣。

4. 小花

2.5cm

2.5cm

🔘 **线材**：2 根甲子线合股

✏️ **针号**：1.5mm

◎ **色号**：主色纯白、辅色 5-1

⭐ **难易度**：★ ★ ☆ ☆ ☆

编织步骤

小花有5片花瓣，分别完成花瓣后进行组装。

第一步 | 编织花瓣。

· 长尾起针起8针（起针数是花瓣的宽度）。

· 织1.2cm左右的空心针（形成花瓣的长度）。

第二步 | 完成后将空心针打开，针目分在2根棒针上，所有下针穿在一根棒针上，所有上针穿在一根棒针上。断线，将线头穿过8个线圈，线不要拉紧。

第三步 | 用同样的方法再制作4个花瓣。最后一个花瓣的线头留长一些，将线头穿过所有花瓣的针目后，将线拉紧。

第四步 | 取黄色线材在花朵的中间来回缝合。

长尾起针8针。

织1.2cm空心针。

将空心针打开，上针针目和下针针目分别穿在不同的棒针上，断线。

将线头穿过棒针上的8个线圈，不要拉紧。

用相同的方法再完成4个花瓣，共5个花瓣。

用缝针穿过所有花片的针目，拉紧。

取黄色的线材在花朵的中间来回缝合形成花蕊。

作品8
苏小妹

—— 配色参考 ——

素体模特：小铃铛12分
娃头模特：胖楠ob软陶头

苏小妹很喜欢珍珠首饰，
她的衣服上、头上，经常用珍珠作装饰。
竹纤维面料的毛衣裙有着低调的奢华感，
再搭配上珍珠，衬得小姑娘格外精致。

1. 公主连衣裙

- ✏️ **针号：** 1.0mm
- 🧶 **线材：** 林下线 2 根合股
- 🎨 **色号：** 奶咖色
- 🔘 **配件：** 珍珠（直径 3mm）、后背纽扣（直径 3mm）
- ⭐ **难度：** ★ ★ ★ ☆ ☆

编织步骤

　　整件裙子从领口开始往下育克编织，编到设定的针数后分出袖子，继续编织裙身，完成裙身后再接线编织袖子。

第一步 ｜ 从领口开始编织，左手长尾起针32针。

第1～3行：织3行起伏针，反面结束。

第二步 ｜ 参考引返图开始引返，引返的时候不加针。

· 正面引返完成，反面不加不减织1行上针。

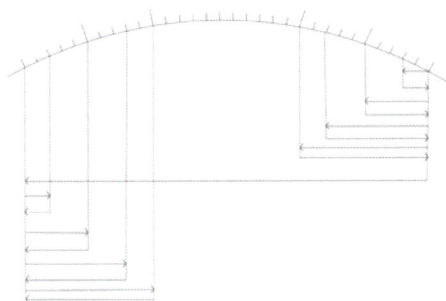

引返图

左手长尾起针32针。

织3行起伏针。

完成引返。

第三步 | 参考育克图正面加针。加针规律，正面：在茎的左右两侧加针，加针方法用左加针，其他正常织下针（一次加8针）；反面：不加不减织上针。

· 第4～24行：重复以上加针规律10次，编织20行。第23行、第24行为112针，第24行反面结束。

第四步 | 根据育克图，从正面开始分针。

· 织左后片16针（含1针茎），24针穿废线上（左袖子，不含茎），织前片32针（含2针茎），24针穿废线上（右袖子，不含茎），织右后片16针（含1针茎）——共64针。

第五步 | 将这64针圈织0.5cm左右（从腋下量起）的平针。

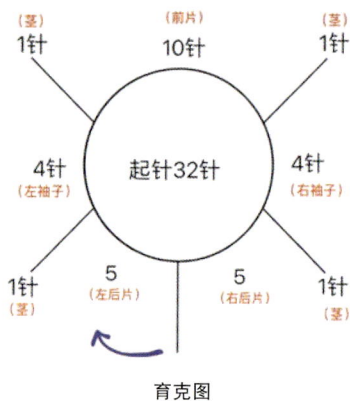

育克图

```
        (茎)        (前片)        (茎)
        1针          10针          1针

  4针                                    4针
 (左袖子)          起针32针          (右袖子)

    1针       5针        5针       1针
   (茎)    (左后片)    (右后片)    (茎)
```

育克图

在4处茎的位置扣上记号，开始育克加针。

加到总针数112针。

分袖完成。

第六步 | 圈织衣身部分。

· 第1圈：织1圈上针（放珍珠的位置）。

· 第2圈：（2下，空加针）×32——共96针。

· 将96针圈织3cm左右（从上针处开始量）的平针。注意：上圈空加针的针目这圈织扭下针。

· 压线编织1圈下针。

· 织5圈下针。

· 织1圈上针。

· 织5圈下针。

· 将棒针上的线圈和压线编织的线圈进行合并收针。

织1圈上针。

织3cm平针。

压线编织。

再织5圈下针，1圈上针，5圈下针。

将棒针上的线圈和
压线编织的线圈进
行合并收针。

第七步 | 编织2只袖子。

· 将废线上的针目平均分在3根棒针上，圈织2.3cm左右（从腋下开始量）的平针。

· 织0.5cm左右的起伏针，上针结束，下针收针。

· 编织另一只袖子，方法相同。

· 最后在上针圈处钩上珍珠。

将袖子上的针目平均分在3根棒针上。

圈织0.5cm起伏针，下针收针结束。

后领钩出扣眼。

圈织2.3cm平针。

在主体部分的上针圈处加上珍珠。

如何计算针数

以领围4cm，横密8针/cm为例。

① **起针数**＝领围 × 横密

　　　＝4×8

　　　＝32针

② **前片针数**＝（起针数－茎的总针数）÷ 系数

　　　　＝（32-4）÷2.8

　　　　＝10针

③ **后片的总针数**＝前片的针数＝10针（左右后片各5针）

④ **袖子的总针数**＝起针数－茎的总针数－前片针数－左右后片总针数

　　　　　＝32-4-10-10

　　　　　＝8针（左右袖子各5针）

⑤ **引返规律**

在后面开口的衣服要在左右后片分别进行引返，引返的次数和针数一致。从右后片到右袖子的位置，针数是10针，加上袖子旁边的茎，一共是11针。要在这11针里面以3针、3针、3针、2针的顺序引返4次（每个尺寸都是4次）。

如果从右后片到右袖子，连同袖子旁边的茎的总针数是18针，要在这18针里面同样引返4次，只是针数改变，以4针、4针、5针、5针的顺序引返。

⑥ **前片加针后的最大针数**＝前片宽 × 横密

　　　　　　＝4×8

　　　　　　＝32针

⑦ **一只袖子加针后的最大针数**＝前片加针后的最大针数 × 系数

　　　　　　　＝32×0.75

　　　　　　　＝24针

⑧ **左右后片加针后的最大总针数**＝前片加针后的最大总针数

　　　　　　　　＝32针（左右后片各16针）

⑨ **分袖后的平针长度**

不加不减的平针部分是在胸下的位置，可穿在身上边比较边编织。

⑩ **分袖后需加出的针数**＝分袖后的总针数 ÷2

　　　　　　　＝64÷2

　　　　　　　＝32针

2. 镂空打底裤

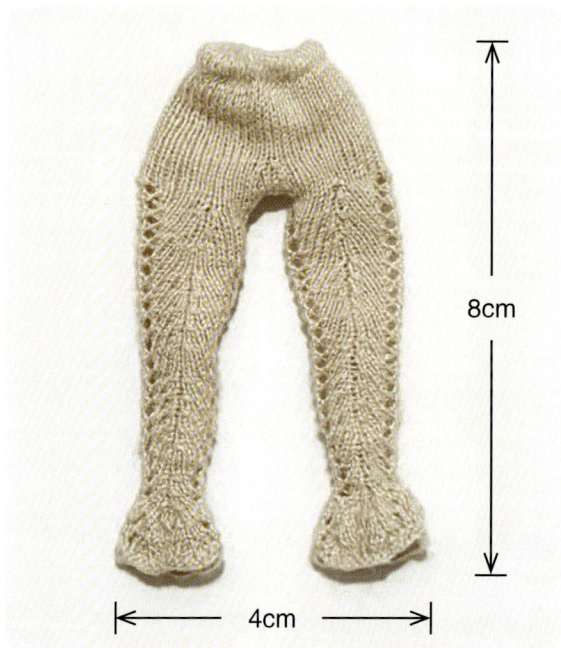

8cm

4cm

🖊 **针号：** 1.0mm

🧶 **线材：** 林下线 2 根合股

⊙ **色号：** 奶咖色

⊕ **其他配件：** 松紧带（宽 2mm）

★ **难易度：** ★★★☆☆

编织步骤

从裤腿底边开始，分别完成两个裤腿后，再合并裤腿往上圈织。

第一步 | 编织裤腿1。注意左右的空加针，在下一行都正常织上针或下针，无需织扭下针或扭上针，这样就能让空加针的针目形成洞眼。

· 第1圈：左手长尾起针35针，平均分在3根棒针上进行圈织。

· 第2~4圈：织3圈起伏针，上针结束。

· 第5圈：【左上2并1，（1下，空加针）×2，1下，右上2并1】×5——共35针。

· 第6圈：35下。

· 第7~10圈：重复第5圈和第6圈2次，共4圈。

· 第11圈：（左上2并1，中上3并1）×7——共14针。

· 第12圈：【左上2并1，（1下，空加针）×2，1下，右上2并1】×2——共14针。

· 第13圈：14下。

· 第14~17圈：重复13、14圈2次，共4圈。

· 第18圈：（3下，空加针，1下，空加针，3下）×2——共18针。

· 第19圈：18下。

· 第20圈：（左上2并1，2下，空加针，1下，空加针，2下，右上2并1）×2——共18针。

· 第21圈：18下。

· 第22~31圈：重复第20圈、第21圈5次，共10圈。

· 第32圈：（4下，空加针，1下，空加针，4下）×2——共22针。

· 第33圈：22下。

· 第34圈：（左上2并1，3下，空加针，1下，空加针，3下，右上2并1）×2——共22针。

· 第35圈：22下。

· 第36~45圈：重复第34圈、第35圈5次，共10圈。

· 第46圈：（5下，空加针，1下，空加针，5下）×2——共26针。

· 第47圈：26下。

· 第48圈：（左上2并1，4下，空加针，1下，空加针，4下，右上2并1）×2——共26针

· 第49圈：26下。

· 第49~52圈：重复48圈、第49圈2次，共4圈。断线。裤腿1完成。

左手长尾起针35针。

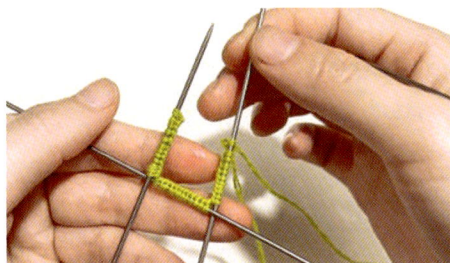

平均分在3根棒针上进行圈织。

织3圈起伏针。

完成裤腿1，断线，放一边备用。

第二步 | 同样的方法编织裤腿2，注意编织完成后不断线。

第三步 | 让镂空保持在腿的左右两侧，卷加针8针（前裆），26下（裤腿1），卷加针8针（后裆），26下（裤腿2）——共68针。

第四步 | 不加不减织1圈下针。

第五步 | 编织裆部以上的部分

· 第1~8圈：开始减针。对裆部卷加针的8针两端的针目和裤腿内侧的针目进行减针。第1圈右边用右上2并1，左边用左上2并1，一次减2针，第2圈不加不减织下针。重复以上的减针规律，织8圈，共减8针。最后一圈为52针。

· 将52针圈织1.3cm左右的平针。

· 压线编织1圈。

· 织1cm左右的平针。

· 将棒针上的针目和压线编织的线圈进行合并收针，穿入松紧带。

· 缝合裆部，完成。

相同的方法编织另一个裤腿，合并裤腿。

编织完裆部后，圈织1.3cm左右的平针。

压线编织。

圈织1cm平针。

将棒针上的线圈和压线编织的线圈进行合并收针。　穿入松紧带。

缝合裆部。

以裤口裤脚口围5cm，横密8针/cm为例。

①**起针数**＝裤口 × 横密 × 系数

          ＝2.5×8×1.75

          ＝35针

注意：为配合镂空花纹，起针数需要是7的倍数。

②**喇叭部分的长度根据需要确定。**

③**喇叭部分结束减针后的针数**＝裤口 × 横密 ÷ 系数

                      ＝2.5×8÷1.5

                      ＝13针

注意：这里要取7的倍数，针数改为14针。

④**加针规律**

以案例中第18圈的第1次花样加针为例，加针规律为：

（3下，空加针，1下，空加针，3下）×2

任何尺寸，2针空加针的中间都是加1针，加针都是重复2数。

⑤**加针部分左右两边的总针数**

=（当下在棒针上的针数-2）÷2

=（14-2）÷2

=6针

因此，加针部分左右两边的针数是各3针，加完针后，当下棒针上的针数是18针。

⑥**加完针后纹样部分的针数**

以案例中第20圈为例

（左上2并1，2下，空加针，1下，空加针，2下，右上2并1）×2

每次加完针后的花样，只有左上2并1右边的2下，和右上2并1左边的2下，这两处针数有变化，其他都不变。

需要变化的总针数=（当下棒针上的针数-10）÷2

=（18-10）÷2

=4针

因此，左右两边需要变化的针数各为2针。

加针共加3次。

第1次加针后花样重复到过脚脖子的位置。

第2次加针后花样重复到过小腿的位置。

第3次加针后花样重复到过大腿的位置。

⑦**裆部的加针数**

所有尺寸都是8针。

3. 发带

✏ **针号：** 1.0mm

🧵 **线材：** 林下线 2 根合股

🎨 **色号：** 栗色

✏ **尺寸：** 主体长 12cm，宽 1cm；绑带长 8cm

⭐ **难度：** ★ ★ ☆ ☆ ☆

编织步骤

整条发带是从窄边开始往上编织，由麻花纹和镂空纹两种纹样组成。

第一步 | 开始编织，单数行是正面，左手长尾起针3针。

· 第1行：3上。

· 第2行：1下，左加针，1下，左加针，1下——共5针。

· 第3行：5上。

· 第4行：1下，左加针，3下，左加针，1下——共7针。

· 第5行：7上。

· 第6行：1下，左加针，5下，左加针，1下——共9针。

· 第7行：9上。

· 第8行：1下，左加针，7下，左加针，1下——共11针。

· 第9行：11上。

· 第10行：2下，1上，5针的扭花（左3在上），1上，2下。

· 第11~13行：织3行平针，注意，反面有2针要织下针（就是正面的那2针上针），反面结束。

· 第14~17行：重复第10~13行1次，共4行。

· 第18行：正面，2下，1上，（右上2并1，空加针）×2，1下，1上，2下——共11针。

· 第19行：反面，2上，1下，5上，1下，2上——共11针。

· 第20~29行：重复第18行、19行5次，共10行。

· 第30行、第31行：织2行平针。

· 重复以上第10~31行6次，再重复10~13行2次（注意，第2次重复时不织3行平针）。

左手长尾起针3针。

加针到11针。

织2组扭花纹。

织1组镂空纹。

第二步 │ 接下来开始减针，单数行为正面。

· 第1行：1下，右上2并1，5下，左上2并1，1下——共9针。

· 第2行：9上。

· 第3~8行：重复第1行和第2行的减针，3次，共编6行。第8行剩余3针。

第三步 │ 正面下针收针。

第四步 │ 在头巾的首尾两端编3股辫，每股2根林下线，共6根林下线，长度可自行调节。

重复扭花和镂空的纹样至所需
长度后减针回到3针。

钩出绑带。

在绑带末端缝上珠子。

在缝上珠子作为装饰。

如何计算针数

发带纹样的针数不能变化，可以通过变更棒针、线材的粗细
来更改尺寸。

作品9

缤 果

—— 配色参考 ——

模特：obQbaby

用两个奶奶乎乎的相近色编织，
像果冻、像布丁、像泡芙、像奶昔，也像棉花糖。
这个夏天织一件去炸街吧！

无袖连体衣

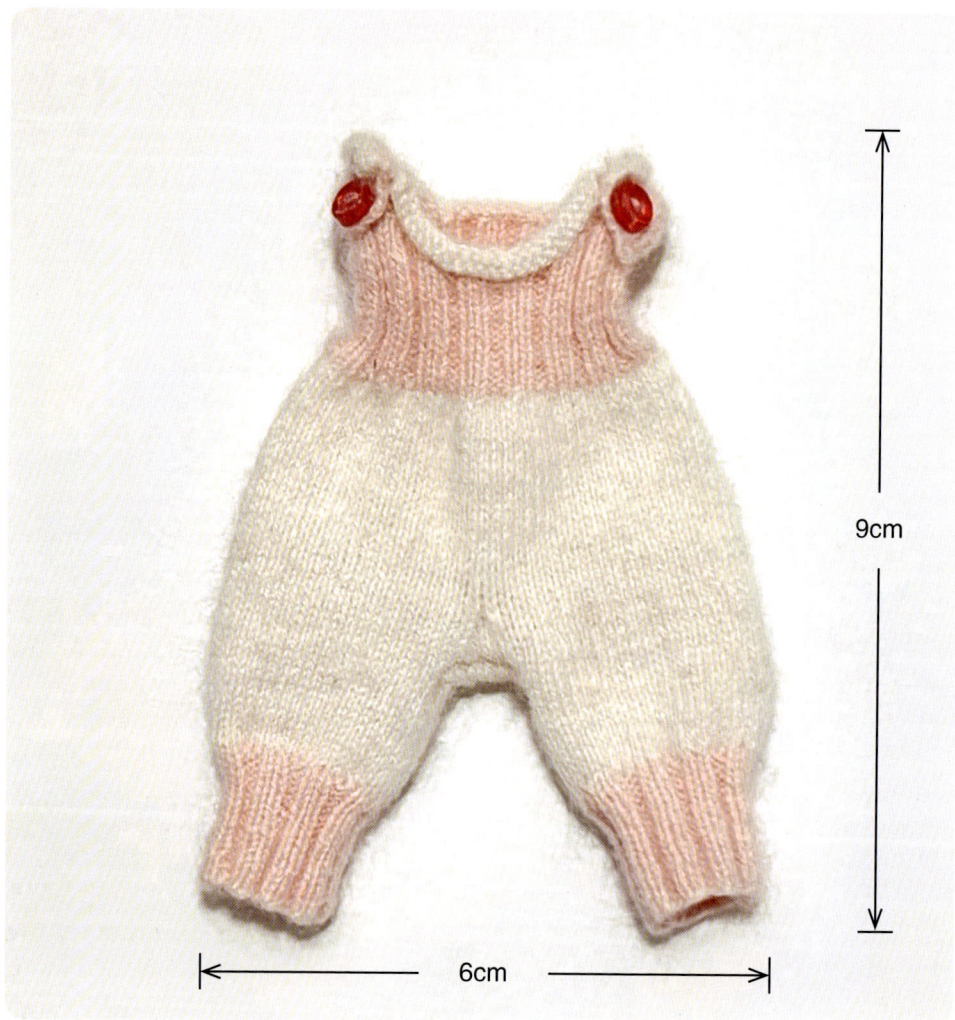

9cm

6cm

🖊 **针号**：1.0mm

🧶 **线材**：甲子线单股

🔘 **色号**：2-1（主色白色），4-6（辅色粉色）

🖊 **纽扣直径**：4mm

⭐ **难度**：★★★☆☆

编织步骤

从裤腿开始往上编织，先分别完成两个裤腿，再继续往上圈织，然后再分前后片编织。

第一步 | 圈织裤腿1。

· 辅色线双螺纹交替式揽绳起针32针。

· 圈织1.5cm左右的双螺纹。

· 换主色线织1圈下针

· （3下，空加针）×10，2下——共42针。

· 将42针不加不减圈织1.5cm左右（从换线处量）的平针，上一圈空加针的针目织扭下针，留长线（缝合裆部用），断线。

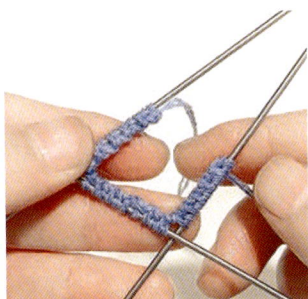

辅色单螺纹起针32针。

转换成双螺纹。

织1.5cm双螺纹。

换主色织1.5cm平针，断线，放一边备用。

相同的方法编织裤腿2，不断线。

第二步 | 与裤腿1相同的方法编织裤腿2，但注意裤腿2不断线。

第三步 | 连接两裤腿，编织裤裆、裤腰部分。

· 第1圈：卷加针8针，42下（裤腿1），卷加针8针，42下（裤腿2）——共100针。

· 第2圈：100下。

· 第3圈：7下，左上2并1，40下，右上2并1，6下，左上2并1，40下，右上2并1——共96针。

· 第4圈：96下。

· 第5圈：5下，左上2并1，40下，右上2并1，4下，左上2并1，40下，右上2并1——共92针。

· 第6圈：92下。

· 第7圈：3下，左上2并1，40下，右上2并1，2下，左上2并1，40下，右上2并1——共88针

· 第8圈：88下

· 第9圈：1下，左上2并1，40下，右上2并1，左上2并1，40下，右上2并1——共84针

· 第10圈：84下

连接两个裤腿。

织2.5cm平针。

第四步 | 不加不减圈织2.5cm左右的平针（从裆部卷加针处量），断线。

第四步 | 开始用辅色线减针。

·（3下，左上2并1）×2，（2下，左上2并1）×16，（3下，左上2并1）×2——共64针。

第五步 | 编织前片。将64针分成前后片各32针。换线编织前片，单数行为正面。

· 第1行：3下，（2上，2下）×6，2上，3下——共32针。

· 第2行：3上，2下，（2上，2下）×6，3上——共32针。

重复第1行、第2行的织法约1.3cm左右，反面结束。

第六步 | 挖前片的领窝。单数行为反面。

·3下，（2上，2下）×2，2上，下针收针6针（收针留下的线圈做为1针上针），1上，（2下，2上）×2，3下——共26针。

第七步 │ 织前片左肩。

· 第1行：3上，2下，2上，2下，2上，左上2并1——共12针。

· 第2行：左上2并1，1下，2上，2下，2上，3下——共11针。

· 第3行：3上，2下，2上，2下，上针的左上2并1——共10针。

· 第4行：左上2并1，1上，2下，2上，3下——共9针。

· 第5行：3上，2下，2上，左上2并1——共8针。

· 第6行：1上，2下，2上，3下。

· 第7行：3上，2下，2上，1上。

· 第8行、第9行：重复第6行、第7行的织法一次，反面结束。

· 第10行：下针收针结束。

第八步 │ 织前片右肩。

反面从领口处入针，单数行为反面。

· 第1行：左上2并1，（2上，2下）×2，3上——共12针

· 第2行：3下，2上，2下，2上，1下，左上2并1——共11针

· 第3行：上针的左上2并1，2下，2上，2下，3上——共10针

· 第4行：3下，2上，2下，1上，上针的左上2并1——共9针

· 第5行：左上2并1，2上，2下，3上——共8针

· 第6行：3下，2上，2下，1上

· 第7行：1下，2上，2下，3上

分片，片织完成前片。

· 第8行、第9行：重复第6行、第7行的织法一次，反面结束。

· 第10行：下针收针结束。

第九步 | 编织后片。

· 辅色线正面入针，参考引返图完成引返，注意左右两边是3针下针。

· 双螺纹编织，不加不减片织2.5cm左右（从引返的最低处量），反面结束。

第十步 | 挖后领窝。单数行为反面。

·3下，（2上，2下）×2，下针收针10针，（收针留下的线圈放在左棒针上作为1针下针），1下，2上，2下，2上，3下——共22针。

第十一步 | 织后片左肩。

· 第1行：3上，2下，2上，2下，上针的左上2并1——共10针。

· 第2行：上针的左上2并1，1上，2下，2上，3下——共9针。

· 第3行：3上，2下，2上，左上2并1——共8针。

· 按照织片纹理不加不减片织1cm左右，反面结束。

· 正面留扣眼。织法是：1上，2下，上针的左上2并1，空加针，3下。

· 完成按照织片纹理再织3行，反面结束，正面下针收针。

第十二步 | 编织后片右肩。

· 反面从领口处入针，单数行为反面。

· 第1行：上针的左上2并1，2下，2上，2下，3上——共10针。

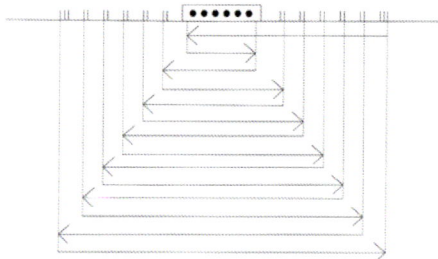

引返图

片织完成后片。

· 第2行：3下，2上，2下，1上，上针的左上2并1——共9针。

· 第3行：左上2并1，2上，2下，3上——共8针。

第十三步 │ 编织领口卷边、装纽扣。

· 用主色线在前后片正面的领口处以下针的方式在每个辫子里挑出针目（上下相差一两针没关系）。

· 不加不减织3行平针，反面结束，正面下针收针。

· 最后缝合裆部，并在前片的肩膀处装上纽扣。

领口处主色线织0.5cm平针。

缝合裆部。

以裤脚口围3.3cm，横密10针/cm为例。

①**起针数**＝裤脚口围 × 横密

$$=3.3 \times 10$$

$$=33（取双数32针）$$

注意，这里需要用双螺纹的横密。

②裤腿（双螺纹部分）长度可自行调整，超过膝盖即可。

③**裤腿的加针数**＝起针数 ÷ 系数

$$=32 \div 3.2$$

$$=10针$$

④织一段平针，织到裆部的位置。

⑤合并裤腿后织一段平针，织到腰部以上。

⑥**腰部需要减掉的针数**＝总针数 ÷ 系数

$$=84 \div 4.2$$

$$=20针$$

⑦**后片引返**

引返的中间针＝后片的总针数 ÷ 5.3

$$=32 \div 5.3$$

$$=6针$$

左右两边的针数＝（后片的总针数 － 引返的中间针）÷ 2

$$=（32-6）\div 2$$

$$=13针$$

引返的次数都是5次，左右两边各13针在5次引返完。

⑧**前片领窝的收针数**＝引返的中间针＝6针

⑨**一侧肩带的针数**＝（肩宽 － 领宽）÷ 2 × 横密

$$=（3.2-1.6）\div 2 \times 10$$

$$=8针$$

⑩**后片领窝收针数**＝减针后的总针数 ÷ 系数

$$=32 \div 3.2$$

$$=10针$$

32-10=22，剩下22针左右两边各11针。

按照每一行减1针的规律减到和前片一样的针数8针。

完结撒花，创造的棒针就交到你手里了！